天津市哲学社会科学规划项目（TJSR20-008）成果

夜间城市活力提升研究
以天津市为例

张秀芹

著

· 北京 ·

内容简介

本书利用热力、POI、路网、人口、大众点评和夜间灯光遥感等多源数据，以天津市中心城区为研究区域，针对天津市的夜间城市活力提升展开定性与定量研究。首先，聚焦时间与空间两个维度，从人的活动和经济活动两个方面，可视化地表达城市夜间活力的活力等级、空间分布特征和时空变化规律，并对典型区域所表现出来的代表性特征进行现象总结和成因探索；其次，量化基本研究单元内的活力差与活力标准差，通过不同时段活力差的变化，同样从时间与空间两个维度可视化地表达和分析昼夜城市活力流动特征，并通过量化和筛选昼夜城市活力流动的影响因素，分析研究影响因素的作用机制；然后，依据各研究单元活力流动的时间特征，从休息日与工作日中聚类出14类典型城市活力流动时空模式，同时借助POI数据并利用算法模型对城市功能分区进行识别，分析不同昼夜城市活力流动时空模式与城市功能分区之间的联系；最后，提出天津夜间城市活力的提升策略，为夜间城市活力研究提供技术和理论支撑。

本书可供规划设计类（城乡规划、建筑设计、环境设计与景观园林设计等）、规划管理类（公共管理与资源环境等）以及地理学类（人文地理、旅游地理）等专业的高校教师、学生，以及城市研究爱好者阅读和参考，也可以作为城市管理者制定相关政策的决策依据。

图书在版编目（CIP）数据

夜间城市活力提升研究 ：以天津市为例 / 张秀芹著 .

北京 ： 化学工业出版社，2024. 9. -- ISBN 978-7-122

-46435-4

Ⅰ. TU984.11

中国国家版本馆 CIP 数据核字第 2024DQ6889 号

责任编辑：张　阳　　　　　　文字编辑：蒋　潇　药欣荣
责任校对：张茜越　　　　　　装帧设计：张　辉

出版发行：化学工业出版社
　　　　　（北京市东城区青年湖南街13号　邮政编码100011）
印　　装：北京建宏印刷有限公司
710mm×1000mm　1/16　印张9½　字数179千字
2025年1月北京第1版第1次印刷

购书咨询：010-64518888　　　　售后服务：010-64518899
网　　址：http://www.cip.com.cn
凡购买本书，如有缺损质量问题，本社销售中心负责调换。

定　　价：69.00元　　　　　　　　版权所有　违者必究

前言

　　随着国家对"夜经济"的高度重视以及人们对夜生活品质需求的日益增长，夜间城市活力成为各大城市决策者和学术界所关注的重要话题。2018年11月6日天津市政府发布《天津市人民政府办公厅关于加快推进夜间经济发展的实施意见》，在聚焦"五个现代化天津"建设、打造"夜津城"、大幅提升城市开放活跃度的政策方针指引下，天津的夜间城市活力得到了一定程度的释放。2022年8月5日发布的《中国城市夜经济影响力报告（2021—2022）》显示，中国城市夜经济影响力评价课题组通过传播力、创新力、成长力、产业规模、商圈流量等维度对中国城市夜经济进行专业评价，天津首次成为中国城市夜经济十强城市之一。但相较于北京、上海、青岛、武汉和长沙等城市，天津的夜间城市活力仍显现出一定的不足。因此在推进"夜经济"的背景下，研究如何提升天津的夜间城市活力变得十分必要。

　　本书依托大数据研究技术，明确夜间城市活力的具体内容和研究范畴。在此基础上，通过对夜间城市活力的定性与定量研究，可视化地表达城市夜间活力的活力等级、空间分布特征和时空变化规律，并对典型区域所表现出来的代表性特征进行现象总结和成因探索。继而研究昼夜城市活力的时空流动特征，并通过量化和筛选昼夜城市活力流动的影响因素，分析研究影响因素的作用机制。接着依据各研究单元活力流动的时间特征，从休息日与工作日中聚类出14类典型城市活力流动时空模式，同时借助POI数据并利用算法模型对城市功能分区进行识别，分析不同昼夜城市活力流动时空模式与城市功能分区之间的联系。最终在上述研究的基础上，提出天津夜间城市活力的提升策略，并为掌握城市夜间活力时空分布规律，以及制定城市的夜间活力提升策略提供方法支撑与决策依据。

　　本书获得了天津市哲学社会科学规划项目"推进'夜经济'背景下天津夜间城市活力提升策略研究（TJSR20-008）"的资助。出版之际，特别感谢在本书撰写过程中，王巧叙、刘浩宇、杨洪杰同学在资料收集、数据整理方面提供的帮助。限于笔者的学识水平，书中难免有不足之处，敬请各位读者批评指正。

张秀芹

2024年3月

目录

第3章 · 天津夜间城市活力识别与空间分布规律

第4章 · 天津昼夜城市活力流动时空特征与影响机制

第5章 · 天津昼夜城市活力流动模式时空特征研究

第6章 · 天津夜间城市活力提升策略

第7章·总结与展望

参考文献

第1章

绪论

1.1

研究背景及意义

1.1.1 研究背景

（1）"十四五"发展规划提出畅通国内大循环与优化中心城区功能的要求

我国国民经济和社会发展"十四五"规划纲要提出："依托强大国内市场，贯通生产、分配、流通、消费各环节，形成需求牵引供给、供给创造需求的更高水平动态平衡，促进国民经济良性循环。"作为国内大循环主要空间载体的城市需要整合经济、生活、生态和安全等多方面的需求，改变大城市的建设和发展方式，激发城市发展活力。需要有计划地解构城市功能和设施，如梳理中心城区的一般制造业和区域物流基地，以及过度集中的公共服务资源，合理地降低开发强度和人口密度，为城市居民创造宜居宜业的生活环境。"十四五"发展规划关于城镇化空间布局的规划战略指引为提高城镇化质量水平，塑造城市空间活力，进行城市空间活力建设提供了政策引导并指明了前进方向。

（2）中心城区活力衰退趋势引发人们对活力再生的迫切需求

后疫情时代背景下，城市原本就已显现的中心城区活力衰退的现象更加凸显，并有进一步加剧的趋势。疫情冲击所导致的短期影响并不足惧，但其所放大的中心区活力发展颓势使人们深刻意识到提升中心区活力的紧迫性。原本在科研、人才、企业、文化等多方面坐拥优势资源的中心城区，因受到快速城镇化导致的交通拥挤、住房紧张、环境恶化等城市病问题以及基础设施老化、传统产业转型、软资源外流等影响，而出现以城市发展速度降低、吸引力衰退为表征的城市活力降低迹象。挖掘城市空间活力，促进城市活力内生是逆转中心区衰退的重要手段与要求。

（3）数字技术发展为研究城市活力及其成因提供了可能

在数字化浪潮快速崛起的大背景下，人类活动与社会活动都可被大数据所记录统计。通过数字技术的广泛应用促进资源优化配置、生产效率提升和社会进步是数字化社会发展的要求。数字技术使人们的生活方式与行为模式多样化，复杂的时空行为对城市空间结构产生巨大的影响，城市空间正在不断地重构。人群活动造成了城市空间重构速度快于城市更新发展速度，这导致城市中使用与服务的供需适配性下降。探究城市空间活力基础状况与现有设施服务的供应状况，可以较大程度了解数字化时代空间重构下的城市现状与需求，以便于对城市更新改造提出更加实际的建议。

1.1.2 研究意义

（1）理论意义

① 关注多学科融合，充实夜间城市活力研究维度。使城市社会、经济、文化及物质空间等活力相互协调，将显性活力与隐性活力相统一，从多学科融合的角度提出夜间城市活力的体系架构，充实夜间城市活力的理论内涵。

② 关注昼夜城市活力流动，提升夜间城市活力研究深度。在原有静态时刻夜间城市活力研究的基础上，从动态视角量化夜间城市活力的时空分布规律、昼夜城市活力流动的时空特征以及昼夜城市活力流动的时空模式。

（2）实践意义

① 为城市发展规划和空间优化提供依据。研究以天津市市内六区（和平区、河东区、河西区、南开区、河北区、红桥区）以及环城四区（西青区、津南区、东丽区、北辰区）为对象，基于对夜间城市活力时空分布规律、昼夜城市活力流动时空特征、昼夜城市活力流动模式和内在影响机制的定量分析，揭示研究区域昼夜城市活力流动规律，挖掘城市建成环境对昼夜城市活力的影响机制，进而反思天津市主城区活力缺失的内在原因。可以科学地结合活力特征与影响机制进行城市发展规划，为城市更新与活力营造提供思路与指导，为空间规划提供基础资料，促进城市发展，提升空间活力、区域发展潜力。

② 实现自下而上的规划反馈，优化城市规划管理路径。城市中的人是城市空间活力的创造者，在大数据记录个人生活的背景下，大众点评数据、POI数据、百度热力数据等源于人群活动的多源大数据是自下而上、以人为本的人的选择与意愿的客观表达。这些数据为顶层决策提供了不带个人主观意愿的、代表大众行为习惯的规律总结，有助于提高城市的资源分配和治理水平，从而促进城市的良好治理，助力改进目前城市空间结构的不足与缺陷，从活力流动的实际现状出发，提高居民生活品质和幸福感，对城市的可持续发展具有重要意义。

1.2

已有研究成果综述

梳理国内外关于城市活力、城市空间活力、城市夜间活力的研究历程、研究视角、研究对象、研究数据、研究方法等内容，同时通过对比国内外研究的异同，为深入研究打好基础。

1.2.1 国内学者研究成果综述

1.2.1.1 城市活力研究

（1）研究历程

国内关于城市活力的研究起步较晚，但随着城镇化进程进入"下半场"，城市建设由空间增长转向内涵品质提升，国内对城市活力研究的关注度越来越高，城市活力被认为是实现城市高质量发展目标的根本。

1985年周天豹等对城市活力本质特征、影响城市活力的主要因素等内容的浅析，打开了国内城市活力研究的大门。1996年孙超法通过研究城市活力的发生空间探究城市活力的来源。2000年凌作人论述了如何利用新建筑激发城市活力。2004年董军等通过研究和分析当代欧美的城市理论和思想，强调了城市活力对城市的重要性，并有针对性地探讨城市活力的问题。2005年张曙等开始通过实例研究城市活力的塑造。2007年汤培源等定义了城市创意活力，并列出了城市创意活力的测量内容，即经济活力、社会活力、环境活力、文化活力等。此后直到2010年，关于城市活力的研究越来越多，但在此之前，城市活力大多作为各种研究的"附属品"，或是设计的目的，或是相关评价的衡量标准，鲜有真正把城市活力作为主体的研究。此时的"城市活力"还没有成为完全意义上的名词，更多的是关于"活力的城市"的研究，城市活力更多趋向于空间活力，综合性的城市活力研究仅在相关论坛、经济杂志中出现。2010年之后学界开始关注城市活力本身，对城市活力概念等的研究开始增多，针对个案城市活力的研究也多了起来。此外，研究者对城市活力的关注角度也越来越广泛，研究中出现城市活力与产业发展、生活水平相关的内容。城市活力研究的对象变得多样化，从街道空间、公共空间再到地下空间、滨水空间、轨交站域等。其中典型的研究见表1-2-1。

表1-2-1 城市活力文献代表学者及其主要研究方向

代表学者	研究方向	主要文献及研究成果
卢济威	城市设计、重点地区城市活力	《特色活力区建设——城市更新的一个重要策略》《公共空间密度、系数与微观品质对城市活力的影响——上海轨交站域的显微观察》 从关注城市公共空间品质对城市活力的影响，到关注历史文化遗产与城市活力的共同构建、特色活力区，再到关注工业遗产与城市活力的协同发展

代表学者	研究方向	主要文献及研究成果
龙瀛	街道活力	《街道城市主义》 提出街道城市主义的概念，对街道活力影响因素进行量化评价与相关性研究，发现街道的功能与形态对夜间街道活力影响显著
高晓溪	城市活力伦理诉求	《城市扩张：活力与焦虑的双重逻辑及其应对》 将伦理性因素纳入城市空间生产过程之中
徐千里	公共空间活力	《街头巷尾和建筑之间的城市活力》 《城市活力中心区公共空间的开放性和包容性研究——以重庆渝中半岛步行空间的品质提升和活力复兴为例》 分析了城市活力中心区公共空间开放性和包容性的构成要素
杨春侠	滨水、绿地活力	《城市特色和活力的创造》 《纽约巴特利公园城城市活力解析及对上海黄浦江沿岸地区提升的建议》 基于交通量、行为地图、跟踪等调研数据，研究城市慢行与驻留活动特征
蒋涤非	活力营造	《当代城市活力营造的若干思考》 根据当代中国城市活力营造研究的现状，特别提出了应该重点关注活力的异质性、地方性、可塑性、全程性四个特性，由此形成了对当代城市公共空间活力从概念到具体策略再到当前关注点的若干独立性思考。此外还提出了活力三向度论

（表源：作者自绘）

在大数据广泛应用之前，基于数据量化分析城市活力的研究较少，且用的数据多为统计年鉴中的传统指标数据，如刘黎等利用人均GDP、外贸依存度等测度经济活力，利用单位面积工业废水排放达标量、环境噪声达标面积率等测度城市环境活力。2014年大数据开始广泛应用于学术研究，新的数据环境为城市活力研究带来了新的机遇，关于城市活力的研究进入了新的阶段，发文数量逐年增多，见图1-2-1（a），研究内容也越来越广泛，见图1-2-1（b）、图1-2-1（c），经过对城市活力测度的研究，可以对不同尺度、类型的城市活力进行量化。不论是在技术进步还是在大数据应用的背景下，如何科学全面地衡量城市活力指数，一直是城市活力研究的重点。有关城市移民、城市潜力、经济活力等规划研究领域之外的城市活力研究也渐渐多了起来。这之后，关于究竟是什么原因造成了城市活力的差异成为又一项重要的研究内容。城乡规划与建筑学领域的学者通过构建多样的影响因素体系，并采用多种不同的方法来探究城市活力的影响机制，主要关注的是城市建成环境对城市活力的影响。

　　（2）研究尺度及研究对象

　　城市活力研究对象可以分为宏观、中观和微观三个层面，各层面内所包含的研究对象也十分多样，见表1-2-2。

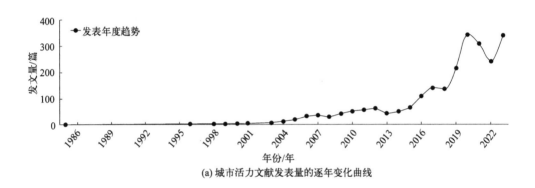

(a) 城市活力文献发表量的逐年变化曲线

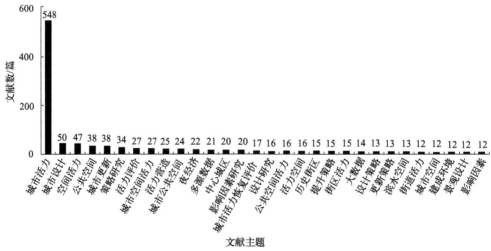

(b) 城市活力文献主题及其发文数量

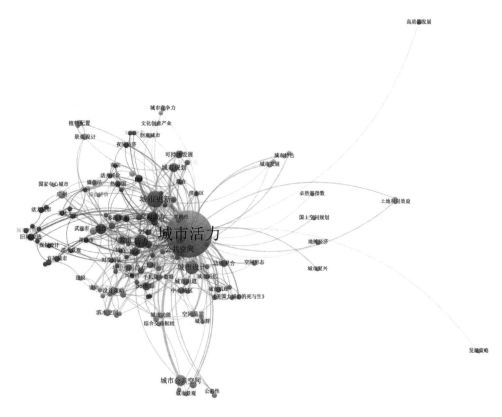

(c) 城市活力文献关键词聚类

图1-2-1 城市活力文献发文情况分析图示（图源：作者自绘）

表1-2-2 城市活力文献的研究尺度、对象汇总

研究尺度	研究对象	举例
宏观	城市中心区	刘迅等运用相关分析和随机森林模型探究广州市中心区建成环境对城市活力的影响。张程远等通过分析杭州市中心城区的居民活力时空特征及相对动态变化，界定不同类型的城市活力空间。贾晋媛以武汉市为例，利用线性回归和空间回归模型研究城市空间活力与建成环境"3D"特征的内在关系
	新城新区	蔡纪尧等针对城市新区快速扩张过程中产生的空间活力不足问题，从城市设计的视角切入，建构自然、空间与人文内生互动的城市新区活力提升框架，以"构成—研判—营造"为逻辑，将城市新区活力解读为景观、经济、社会与文化4个维度要素，针对性地开展活力研判，并依托空间设计对城市新区活力进行系统性提升优化

续表

研究尺度	研究对象	举例
中观	街区	唐璐等利用多源大数据从人与空间双重角度,对街区的人群活力、活力多样性等进行量化研究。鲁仕维等建立城市街区空间形态测度体系,利用空间回归模型揭示街区空间形态与街区活力之间的关联关系
	历史城区	苏心利用空间句法对空间形态和城市活力演变过程进行描述分析,以解释历史城区的空间形态对城区活力的影响作用机理
微观	街道	宋扬扬等通过分析沿街地段存在的问题,提出城市活力街道的设计原则与对策。陈喆等提出街道上人丰富的活动意味着街道活力,并提出城市街道活力产生的一般组织原则。龙瀛提出街道主义概念,并对其研究框架和案例进行了详细介绍
	城市肌理	董明提出通过细致研究城市肌理的构成要素及原则,采用合理的分形方式实现城市社会网络的完美构建
	地下空间	王秀文从城市活力的角度探讨地下公共空间的作用与未来发展的可能。夏正伟通过分析城市地下空间新发展背景,提出城市地下空间的规划与设计方法
	公共空间	黄骁探讨了城市设计中如何营造富有活力的城市公共空间
	滨水空间	魏晶晶通过研究异质性滨水空间活力为滨水城市建设提供理论依据。韩咏淳等证实城市中心滨水区的城市活力与空间形态存在不匹配现象,并探讨其背后空间品质的影响机制
	地铁站域	牛彦龙等通过探讨地铁站点周边慢性空间的介质特性,总结营造地铁站域慢性空间的要点内容。徐婉庭等聚焦地铁站域步行可达性与站域空间活力的关系
	建筑	徐千里研究街道和建筑之间的城市活力,探索了许多体现重庆地域文化特色的城市设计思想和表达形式
	景观	崔岚分析了城市活力缺失的现状及原因并寻求激发城市活力的景观学途径。吕扬等总结出绿道引领下的城市活力空间营造策略

(表源:作者自绘)

(3)研究数据及研究方法

依据大数据可以从多角度、多层次来研究城市活力,其类型多样,见表1-2-3。大数据帮助研究人员从不同角度测度城市活力，也不可避免地具有局限性，如大数据处理较为复杂，需要做大量工作从中去除冗余数据；社交传感类大数据，如百度热力图和社交媒体签到数据等存在低精度的局限性；大数据捕捉的多为手机端用户的反馈数据，导致测度城市活力的"画像"结果多为手机端用户，而除手机端用户之外的多数老年人的活动难以被测度。大数据的使用也促进了数据处理与应用方法、模型的大量出现、发展及广泛应用。根据主要研究内容的不同，城市活力研究又分别有多种研究方法，见表1-2-4。

表1-2-3 城市活力文献研究数据汇总

活力测度数据	举例
POI数据	王娜等利用POI数据测度城市文化活力
大众点评数据	塔娜等利用大众点评数据，以空间内的店铺数量测度城市经济活力
社交媒体签到数据	王波等人利用微博签到数据的签到密度衡量互动强度，以反映城市活力
百度热力数据	周雨霏等利用百度热力数据，通过热力平均值和热力离散系数构建轨道站点服务区活力测度体系
交通数据	塔娜等利用出租车到达数据，通过研究单元内每小时出租车到达量的周平均密度测度城市社会活力
手机信令数据	曹钟茗等基于手机信令数据从时间维度诠释城市活力的概念，并构建其评价指标体系
夜间灯光数据	刘泠岑等利用夜间灯光遥感数据测度以平均灯光强度表征的区域发展活力。雷依凡等利用多年的夜间灯光数据对城市扩张动态演变特征进行分析以评估城市活力

（表源：作者自绘）

表1-2-4 城市活力文献的研究内容、方法汇总

研究内容	研究方法	举例
评估城市活力	模糊物元模型	刘黎将熵值理论与模糊物元理论相结合建立了基于熵权的城市活力评价模糊物元模型
	模糊综合评价模型	汪胜兰等运用模糊综合评价模型从城市综合活力、城市活力系统及城市活力系统要素3个层面分析城市活力评价结果

夜间城市活力提升研究——以天津市为例

续表

研究内容	研究方法	举例
评估城市活力	空间句法	徐雅洁等利用空间句法定量分析地铁地下商业空间多种变量因素，研究影响空间活力的因子
	数据增强设计	龙瀛在数据增强设计的框架下，汲取以往规划师等对街道的思考与认识，并结合城市理论将成果用于设计实践
	层析分析法	方琰等利用层次分析法与熵权法构建复合视角下的滑雪场空间活力评价体系和框架
	熵权法	韩咏淳等利用熵权法客观赋权预测滨水空间形态对城市人群的潜在吸引力
	TOPSIS法	冉长鑫等基于加权广义马氏距离与距离定权改进TOPSIS法来进行城市综合活力评价
探究城市活力影响机制	地理加权回归模型	刘云舒等利用地理加权回归模型探究城市活力的时空特征与影响因素的相关性
	OLS回归模型	杨朗等利用OLS回归模型对工作日与休息日的活力因变量与多因素自变量进行回归分析，探究影响因素的相关系数和显著水平
	地理探测器	刘羿伯等使用地理探测器对影响滨水街区活力的因素进行排序
	空间回归模型	鲁仕维等建立城市街区空间形态测度体系，利用空间回归模型揭示街区空间形态与街区活力之间的关联

（表源：作者自绘）

　　除文献研究之外，相关机构、研究院等也依据大数据提出城市活力观测报告。百度地图自2018年开始发布《中国城市活力研究报告》，总结城市文旅活力等城市活力内容。中国城市规划设计研究院在2019年、2020年、2022年三个年度发布了三份中国城市繁荣活力评估报告，探究如何评价城市活力、城市活力如何表征、城市活力如何提升等问题。2019年报告提出城市繁荣活力是对中国城镇化下半场的城市发展的一次有益尝试。2020年报告聚焦大城市与特大城市，继2019年多维度聚类分析和差异化评估方法之后，结合中央控制问题差距和扩大内需的工作，更加注重宏观和微观视角的结合，加强多维度因素之间的关联性分析，进一步提高评估建议的适用性。2022年的报告针对全国36个主要城市，通过利用"活力指标体系""活力基因图谱"和"活力观察矩阵"三个工具，探索"城市活力"

的空间基因。报告有三个主要关注：关注"大城市"活力，关注"人"的活力，关注"活力"和"空间"的关系。

1.2.1.2 城市空间活力研究

城市空间活力的研究尺度、对象、内容、方法、数据等与城市活力基本相同，相较于城市活力，其关注点更多在于城市空间。城市公共空间、街道空间、滨水空间，以及空间品质和景观设计等是城市空间活力关注的重点内容，见图1-2-2。

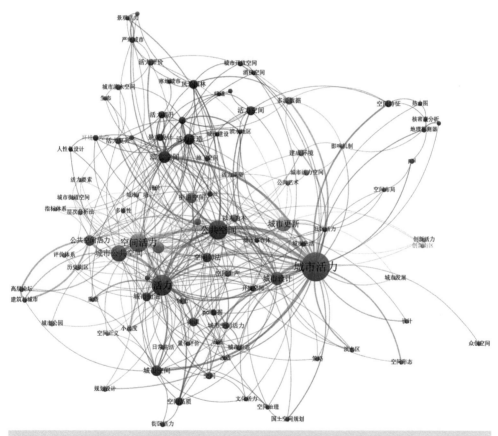

图1-2-2　城市空间活力文献关键词聚类（图源：作者自绘）

1.2.1.3 夜间城市活力研究

"增长城市的活力时间"的概念在2010年就已被提出，黄婷婷在论述低碳集约型城市的发展方向时，认为城市活动时间的延长会使城市扩大，日夜不同形象使城市看起来像两个独立个体，然而，人类的活动并不总是发生在白天，如果一个城市在夜间是有活力的，那么夜间的活动也可以成为活力的来源。在之后很长一段时间内，关于夜间城市活力的研究一直处于停滞状态，直到大数据兴起带来城市活力研究的新蜕变，借助城市夜生活兴起和夜经济发展，关于夜间活力的研究才渐渐多了起来，具体研究发展见表1-2-5。对城市中心区和主城区的夜间活力研究占主要部分，夜间灯光遥感数据是在原有探究城市活力数据基础上新出现的数据。夜间城市活力的主要研究内容，仍是对夜间活力时空特征、昼夜城市活力特征及影响机制的探究。

表1-2-5　城市夜间活力发展历程、研究对象、数据汇总

时间	研究对象	活力测度数据	研究内容
2018年	街道	微博签到数据	裴昱等采用实地调研与量化评价相结合的方式，聚焦夜间时段（0：00—1：00），对北京二环内夜间街道活力及其影响因素进行量化评价与相关性探究
	中心城区	百度热力图	刘云舒等在探究城市活力时对全时段24h的城市活力时空特征进行研究
2019年	中心城区	手机信令数据	钟炜菁等首次对城市夜间活力进行阐述，研究空间分布特征、时空变化规律等内容，并探究用地混合度与夜间生活活力值的关联性
2021年	城市	百度热力图	孙枫等以南京为例，分析城市夜间休闲服务水平与活力度的匹配度
	城市照明	理论研究	郭菲等认为城市照明可以通过对夜间城市空间形态、环境意象以及使用体验等方面产生影响，从感知、行为、时间和文化等各维度作用于城市社会生活
	夜间公交线	百度热力图	卞广萌等以城市活力视角通过问卷、访谈等方式对夜间公交专线站点分布等多方面情况进行调研分析
	城市	百度LBS数据	禚保玲等首次关注昼夜城市活力特征差异，从城市活力时空特征、耦合类型和主导模式3个角度对城市活力昼夜特征展开研究
2022年	城市	夜间灯光遥感数据	孙启翔等对白天及夜间的城市活力水平、规模位序特征及时空耦合进行测度，并分析其空间格局影响因素
	城市群	夜间灯光遥感数据	雷依凡等利用城市扩张率指数，应用熵值法、耦合协调度模型等评估城市活力，探究了对应城市活力和城市扩张耦合关系
	主城区	夜间灯光遥感数据	申婷等通过夜间灯光平均亮度表征夜间活力，探究城市空间分布特征及与活力构成的空间关联性

续表

时间	研究对象	活力测度数据	研究内容
2023年	中心城区	百度热力图	汪成刚等探究三个维度的建成环境要素与昼夜城市活力状态的非线性关系和阈值效应，并对比差异
	主城区	百度慧眼城市人口地理大数据	周扬等通过核密度分析法分析南京主城区夜间城市活力的空间分布特征，并结合时空地理加权回归模型，探讨了城市活力与夜间经济的时空关系

（表源：作者自绘）

1.2.1.4 城市活力流动研究

流动是城市活力的基本特征之一，但现阶段关于城市活力流动的研究却很少。活力流动的狭义是关注活力变化与人群的集聚与消散，现有研究者从居民活动特征的相对动态变化、非固定人群流动和活力时空变化等角度来测度城市空间活力的动态流动。如钟炜菁等通过时段间的活力值变化率测度夜间城市活力的变化；张程远等则通过上午、下午、晚上的活力空间变化对活力的变化进行描述；梁立锋等建立了一种顾及人群集聚的综合活力评估框架；郭翰等在对北京六环路内的昼夜人口流动与人口集聚区的研究中关注了人群流动的情况。

1.2.2 国外学者研究成果综述

1961年，简·雅各布斯首次提出城市活力的概念，指出城市活力一般是指诱发活跃的商业和人类活动的能力。之后外文文献关于城市活力的研究也进入较长时间的停滞期。1995年，在期刊*Planning Practice and Research*的编者的话中，John Montgomery提到夜间经济一直被低估且不被城市决策者所认可，所以以借用城市活力、城市文化的文章来对夜间经济进行补充说明，在其看来这些概念是息息相关的，他的观点第一次将城市活力与夜间经济联系起来，因此被认为是夜间城市活力的初探。

通过对之后国外相关研究内容及观点进行总结（表1-2-6），了解国外城市活力研究的发展历程。相较于国内关于城市活力的研究，国外的研究并没有显著的理论、活力量化、影响机制的分类以及研究内容上的界限，而是同时进行对城市活力的实例研究与理论研究，主要以城市的重要组成要素——公共空间、运河、绿地、街道等为对象，在研究的同时进行相关理论的验证与探究，同时还会关注城市政策举措对活力的影响。值得注意的是简·雅各布斯的城市活力思想影响深远，国外研究者一直试图通过各类实例研究去验证雅各布斯的观点。汇总国外的主要研究内容与研究视角（表1-2-6、图1-2-3），可以发现国外关于城市活力的研究内容主要为：探究各种空间展现出的城市形态与城市活力的关系，景观、绿化等环境要素对城市活力的影响，以人及人的生活活动为主体研究城市活力。研究视角并不是从宏观、中观、微观等空间角度，而是分为理论研究、研究方法分析及各类空间的专门研究，即通过实际空间的具体情况，分析验证相关现有理论是否适应；对新出现的研究方法进行实例探究；对城市中各类空间的专项研究，如街道、广场、运河、市场等。

表1-2-6　国外城市活力研究对象、内容及观点的发展过程

时间	研究对象、视角	研究内容与观点
1997年	广场	Maier通过波茨坦广场的复兴讲述城市活力
1998年	运河	Johanna认为积极、开放的活泼空间是城市生活的背景，主张用活力概念评价开放空间
	城市	John认为城市是由秩序清晰的活动集合而成的，他通过对城市形式、文化、街道、活动的阐述来说明规划并设计活力城市的可行性
2000年	城市中心区	Ben等采用建模的形式探究停车如何影响城市中心活力
	街道	박선경等认为一条主要街道的活力对于城市住宅区的城市化至关重要，并对住宅区内主要街道的活力与街道土地使用之间的关系进行探究
2007年	城市片区	Manoj Kumar Teotia以印度西北部为例探究加强和保持城市地区活力的策略
2011年	广场	Kim等以广场为例对城市公共空间的活力特征进行分析
2013年	城市绿地	Miguel等使用数据包络技术对174个欧洲城市的公共绿地对城市活力的影响进行评估
	街道	Hyun-Gun Sung等采用多元线性回归模型对9571条街道的步行数据进行分析，证明雅各布斯所强调的物质-环境要素在总体上起到了增加城市活力的作用
2016年	公共空间	Sabina利用建筑学的"活力城市"模型衡量人们对公共空间安全和活力态度的相关性
	停车限制	Osias探究交通和停车限制对城市活力的影响，并研究该项措施与建筑、园林如何联系可以增加城市活力

续表

时间	研究对象、视角	研究内容与观点
2016年	公共市场	Khalilah等采用调查及访谈的方法探究城市公共市场的文化活力
	理论研究	María探究了城市活力的重要性、哪些因素导致活力消失和促成活力的条件，并讨论了如何研究活力的问题
	儿童身体活动	Oriol将城市活力作为儿童身体活动和活动参与的决定因素
2017年	理论研究	Sena以研究收集到的信息定义城市活力，对雅各布斯与林奇对活力的定义进行梳理，确定决定城市活力的标准
2018年	步行网络	Marie等探究圣地亚哥中心的步行网络对城市活力的影响
	理论研究数据分析活力	Sulis等提出了雅各布斯多样性与活力概念的计算方法，即使用公共交通的智能卡数据计算研究单元的多样性值，并利用回归模型揭示多样性和活力之间的关系
	城市理论研究	Xavier等以雅各布斯的理论验证地中海城市配置，通过系统的方法对城市活力进行分析
2019年	街区活力	Antonio等以定性和定量的方法调查研究了五个街区的城市形态对街区活力的影响，并提出可持续发展建议
2020年	城市	Kostas等通过调查地理空间数据、建立模型，验证建筑环境、城市活力和社会凝聚力之间的关系
	夜间	Kim等采用数据驱动的方法，通过研究城市活力的时空动态来定义城市夜间
2021年	城市中心	Alkazei等以贝鲁特市中心区为研究对象，通过对其历史中心的梳理，厘清了重建规划与城市活力衰退的关系
2022年	老年人	Akinci等探讨了城市活力如何影响老年人的户外休息这一具体的城市问题
	方法研究	Garau等研究考察了影响城市性和活力的建成环境成分，发展了一种量化城市形态，促进城市性和活力潜力的分析方法
	高密度城市	Lee Sang-hyeok等通过使用颗粒物和流动人口的时空大数据来证明颗粒物对城市活力的影响

（表源：作者自绘）

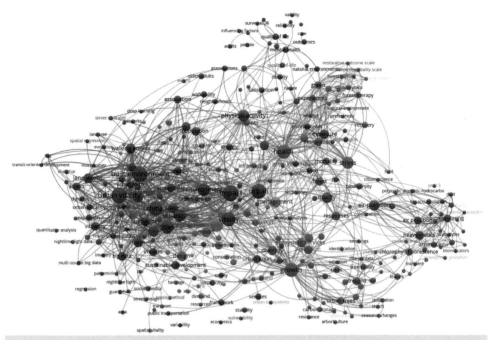

图1-2-3　国外城市活力文献关键词聚类（图源：作者自绘）

1.2.3　已有研究成果评述

　　在生态文明大背景下，城市空间规划从增量时代外延扩张式的物质规划向存量时代内涵挖潜式的品质规划转型，这也是实现城市精明增长并促进城市可持续发展的重要途径。城市空间活力作为城市空间品质的重要体现与评价指标，自20世纪后半叶开始在城市规划学与地理学等领域受到西方学者的关注。目前，国内外关于城市夜间活力的研究成果涉及社会学、经济学、地理学和城乡规划学等多个学科领域，主要分为夜间经济、夜间生活以及夜间空间三个方面，以夜间经济研究的内容为主，又以城市夜间空间活力的研究最具针对性。夜间经济自"24小时城市"而来，较早的研究主要侧重于讨论夜晚经济的利弊与夜晚治理，之后"夜经济"对复兴中心城区活力和升级城市经济发展的推动作用愈加明显，研究开始更加关注"夜经济"自身的内涵、类型和时空等。另外，针对夜间经济的影响因素以及评价指标体系等也有一些实证研究。近年来随着旅游高质量发展的需要，夜间旅游现象日益普遍，夜间旅游作为夜间经济的一种形态也越来越受到研究者的关注。其中国外的研究主要可以归纳为夜间旅游载体、类型、利益相关者以及影响等；国内学者则更多关注夜间旅游的概念特征、产品类型、发展动力及其带来的影响等。与夜间经济不可分割的有关夜间生活的研究也同时受到了学术界的关注，主要体现在多样性、宜居性和公平性上。夜间空间的研究前期以中微观尺度的街道空间和公共空间等为主要研究对象，且以定性研究为主。随着信息通信技术的发展与应用，利用手机信令、微博签到、地图兴趣点和夜间灯光等大数据进行宏观尺度的定量研究开始增多。研究内容以城市夜间活力的影响因素以及夜间城市活力与城市空间的相互关系为主，并且出现了夜间经济和夜间生活研究与夜间空间研究相结合的趋势。研究方法主要基于GIS空间分析平台，根据研究内容的不同需求采用各种具体而有针对性的分析方法，研究趋向更加多样和灵活。

相关研究主要经历了从概念内涵、空间特征等定性分析，到评价体系、营造策略等拓展完善，再到目前大数据背景下对城市活力测度、活力影响机制等进行定量研究的过程。研究对象从小到大，从单一到复合，研究方法由观察式调研报告转向大数据模型，研究领域也进一步拓展到社会学、经济学、环境科学以及风景园林学等学科。其中总结空间活力特征、研究相关影响因素、提出活力提升策略一直是国内研究的主线，国外则偏向于研究社区活力、景观活力等人与活力、各类空间与活力的关系，更关注活力创造者的身心健康与活力的可持续发展。纵观国内外有关城市活力的研究，在研究视角、研究对象、研究方法及学科融合等方面都有了较深入和多样化的发展。

已有研究显示，城市活力是依据人们在复杂城市空间中的各类经济、文化、生活等活动而呈现出的动态时空变化特征，即城市活力是不停流动且具有一定流动特征的。活力流动的外在表征展现出的时空特征不仅体现着人群流动的变化，更是城市建成环境对人群活动影响的表现。随着夜生活、夜经济的受重视程度越来越高，城市夜间活力成为城市活力的重要组成部分。相较于城市活力单纯在空间上的横向延伸，城市夜间活力促成了城市活力在时间维度上的纵向拓展。目前昼夜城市活力逐渐等价，昼夜城市活力变化特征与协调关系将成为激发全时段城市活力的研究热点与重点。现阶段对昼夜城市活力特征的研究大多数是从各自的学科视域出发，未将社会、经济、文化及物质空间等的活力相协调，显性活力与隐性活力需进一步融合，具体研究以静态时刻以及不同时段活力状态的对比研究居多，主要根据研究区域白天与夜间活力状态的不同，将其划定成昼高夜高、昼低夜低等不同活力类型或主导模式，以及关注不同时刻活力集聚区的空间分布变化规律等。

1.3

研究目标、内容与创新

1.3.1　研究目标

　　① 依据研究单元一天中夜间城市活力分布与流动值的变化规律，梳理夜间城市活力分布与流动模式，探究夜间城市活力分布和流动状态与城市功能分区的关系。

　　② 研究夜间城市活力的影响机制，构建夜间城市活力的影响因素体系，为提升夜间城市活力提出优化措施与建议。

1.3.2　研究内容

　　研究利用热力、POI、路网和人口等多源数据，聚焦时间与空间两个维度，从人的活动和经济活动两个方面，以天津市中心城区为研究区域，对城市夜间活力的外在表征进行量化和可视化，即选取夜间人群活力强度、夜间人群活动密度波动、夜间经济活动满意度、夜间经济强度和夜间活力等多样性量化指标，可视化表达城市夜间活力的活力等级、空间分布特征和时空变化特征，并对典型区域所表现出来的代表性特征进行现象总结和因果探索。同时，关注不同时段、不同空间的昼夜城市活力流动变化规律，探究昼夜城市活力流动的时空特征、相关影响因素及其作用机制。最后为制定城市夜间活力提升对策提供方法支撑与决策依据。

1.3.3　研究创新

　　① 增加研究深度，关注动态的夜间城市活力。在现有对城市活力、城市空间活力和夜间活力等静态时刻活力关注的基础上，重点关注活力流动变化。根据时段间活力值的变动探究昼夜城市活力流动时空特征，根据活力标准差模型测度活力流动强度，以动态视角研究夜间城市活力。

　　② 扩展研究维度，关注多学科融合。在现有以空间为主体探究所有研究单元夜间城市活力特征的基础上，以每个地理基础研究单元为主体，利用包含了城市经济、空间、文化和社会等信息的大众评价、热力、POI、路网和人口等多源数据，总结研究单元的夜间城市活力时空分布模式与特征，并对影响因素进行筛选，进一步研究夜间城市活力的影响机制。

夜间城市
活力研究的
相关概念及理论基础

2.1

相关概念

2.1.1　城市活力

　　活力，指旺盛的生命力，行动、思想或表达上的生动性。"活力"一词在《当代汉语新词词典》中的具体解释为：①指生命力；②借指事物得以生存、发展的能力。源于对生命描述的"活力"概念最早出现于生物学。随着各学科的发展，活力在不同领域出现，其所表征的意义更加多样。城市活力的相关概念最早由简·雅各布斯于1961年在《美国大城市的死与生》中提出，她认为一座城市的"死与生"是由城市多样性决定的，增加城市多样性可以从以下四个方面入手：使一个区域拥有至少两种主要功能；将街道分成多段；通过保留老建筑来增强城市的活力；让人口密度保持在合理水平。简·雅各布斯在另一本书《城市与国家财富：经济生活的基本原则》中提出利用城市活力驱动经济发展的观点，通过对比讲述各国及各地区发展的历史来解读决定经济政策成功与失败的因素。城市活力被认为是城市全面生命指数的表征，欣欣向荣的城市表现出较高的城市活力，经济危机的城市则表现出低迷的城市活力。凯文·林奇在《城市形态》一书中将城市活力定义为一个聚落形态对于生命机能、生态要求和人类能力的支持程度，与城市的物质条件相关，他提出活力、感受、适宜、可及性和管理五项城市设计评价标准。伊恩·本特利认为活力是指场所能够容纳不同功能的多样性程度的特性。

　　国内关于城市活力的定义研究也经历了阶段性发展。周天豹等认为"城市活力是城市作为一个活生生的动能体，作为一个十分复杂的、以人为主体的经济、社会、科技、文化庞大系统的有机体，而客观存在的综合素质，并在一定条件下由这种综合素质所表现出来的行为和自我改造、发展、完善的能力"。蒋涤非在《城市形态活力论》中将城市活力定义为蓬勃的生命力，即城市为市民营造人性化生存的能力，人的集聚和活动是城市活力产生的动因。刘黎等认为城市活力是指一个城市对经济社会发展综合目标及生态环境、人的能力提升的支持程度。卢济威认为城市活力即城市旺盛的生命力、城市自我发展的能力，是城市发展质量的主要标准。张梦琪将城市活力定义为城市具备旺盛的生命力，包括人口、经济、城市功能，且处于持续发展状态，并从发展水平、发展速度、多样性、辐射力和吸引力五个维度评价城市活力。刘云舒等认为城市活力是指城市空间中的社会活跃度。梁立锋认为城市活力是指城市为市民提供多样生活的能力，通过人类活动及其与空间的交互来表征，他提出一种顾及人群集聚强度和情绪强度的城市综合活力评估框架，从城市物理环境、经济环境和生态环境中选取不同维度因子分析其对城市活力空间异质性的影响。

城市活力是一种复杂、涵盖面庞杂的活力，也是一种广泛的场所行为理论，其基础是建筑学和城市规划学专业人士在相关学科的帮助下对不同空间场所的历史、文化等进行的分析。由城市生活产生的城市活力可依据城市生活活动的类型分为经济活力、社会活力、文化活力。依据活力展现的虚拟与现实，可将城市活力分为显性活力与隐性活力。显性活力即具象的活力，表现为人们直接观察、感知到的活力，其在街道、公园等公共空间随处可见。隐性活力寄存于网络空间，同样通过人们交流互动所展现，由网络构建出的虚拟"公共空间"成为人们新的聚集地，形成新的活力表现。从狭义上讲，城市空间活力是城市显性活力表现的一种。随着技术进步、大数据辅助的普及，对于城市活力的研究更加深入，关于城市活力是城市空间品质重要表现的观点越来越多。

综上所述，关于城市活力的理解有多个角度，并无明确的统一定义，通过对上述城市活力概念、内涵的研究，可总结为以下两方面：一是人类活动影响城市活力，强调城市为人类提供生存的场所，主要包括丰富的城市功能及不同尺度的城市空间；二是物质环境影响城市活力，强调城市中的人口密集程度及人在城市中的互动表达，包括人们在城市中的交流互动时间、人们使用公共空间的活动时间。

2.1.2　城市空间活力

城市空间是一个城市的社会、经济、政治和文化要素的载体，不同的城市活动形成的功能区构成了城市空间结构的基本框架。随着经济发展和交通条件的改善，它们各自的结构形式和相互关系也在不断变化，并通过土地利用方式和发展特点表现出城市结构的演变。与农村空间不同，城市空间比农村空间更加复杂，包含更多的元素，空间元素之间的联系也更加紧密。这些社会、经济、政治和文化元素共同支持着城市的正常和协调运作。成功的城市基础条件是形成有活力的空间。

简·雅各布斯的观点使城市活力的重要性首次得到认可，她通过对美国城市的一系列经验研究进行分析，认为振兴现代城市的一个重要任务是恢复街道和社区的多样性和活力。扬·盖尔在《交往与空间》中认为城市公共空间活力是户外公共空间活动之间的相互作用，比如通过慢行交通、区域功能综合化等增加人与人之间的互动时间。

国内关于城市空间活力的概念研究同样起源于城市活力，孙超法认为城市活力由丰富多变的城市空间构成，并且这些空间并不是同时生成和起相同作用的，他认为存在一个基本空间，其是城市活力的根本来源，而其他空间则由其形成。

2.1.3 夜间城市活力

2019年，中国主要城市推出了夜间经济发展模式，以促进消费服务业的发展，进一步扩大了内需。夜间经济被认为是城市发展的新活力，其繁荣程度是评价城市经济开放性、活跃度的重要指标。夜间经济最初是大城市为弥补夜间市中心空荡荡的现象而提出的一个经济概念，现在已经成为城市经济的一个重要组成部分。夜经济的发展延长了城市"待机"时间，夜间活力成为人们关注的热点内容。夜间活力是城市的现代化程度、经济与人口活跃度的重要体现。为了提高城市环境质量、满足城市居民的需求，探索城市夜间活力的特征和影响机制愈发重要。

2.1.4 昼夜城市活力流动

关注植物的昼夜生长是生物学研究的重要方面，城市活力对城市"生长"状态的外在表征，同样需要昼夜间的"健康监测"研究。昼夜时间流动映射在城市中，每个时段间皆有活力不息的进程在推进。随着昼夜城市活力逐渐等价，夜间活力成为城市活力在时间维度上的纵向延伸，有关夜间活力的研究越来越多，对昼夜城市活力演变的关注是对白天与夜间活力的全时段研究，它将夜间活力融入现有对城市活力的观察序列。

2.2

理论基础

2.2.1 城市空间结构

城市是在一定地域范围内，相对永久性的、高度组织起来的、人口聚集的空间实体，其各项要素及诸多功能都不是随意分布的，而是依据一定的秩序有规律地联系在一起并形成一定的结构，如城市的社会结构和经济结构等，这些与城市活力密切相关的相对稳定的隐形结构，都通过空间维度外显地反映为以物质空间为主导的城市空间结构，可以把前者看作"软"结构，把后者看作"硬"结构。

城市空间结构包括空间和非空间属性，是以文化价值、功能活动和物质环境三种要素通过空间分布和空间作用两个方面表现出来的，同时城市空间结构不是静态的，必须引入时间层面。城市结构的空间属性包括形式和过程两个方面，形式是指物质要素和活动要素的空间分布模式，过程则是指要素之间的相互作用，表现为各种"流"。

基于此，研究夜间城市活力的相关概念，量化提取表达夜间城市活力的各个要素，并对夜间城市活力进行可视化展现，这是研究的基础。

2.2.2 城市中心体系

在空间视角下，城市中心区是公共服务设施聚集的产物，在历史上，城市各职能用地的集聚效益导致了城市空间的地域分化，其中的商业、办公、行政、文化等公共服务职能在市场经济的推动下相对集聚，这些集聚的物质空间形态逐渐形成城市中心区。城市中心区是位于城市功能结构的核心地带，以高度积聚的公共设施及街道交通为空间载体，以特色鲜明的公共建筑和开放空间为景观形象，以种类齐全、完善的服务产业和公共活动为经营内容，凝聚着市民心理认同的物质空间形态。

城市中心体系是随着城市的发展，城市人口和用地规模的扩大，以及承担职能的多元化而形成的，在发展过程中城市中心由单个中心区开始分裂，并重组为多个中心区，继而产生了功能、等级、区位、规模的差异，形成多中心的城市结构，而各中心区之间的相互关系即构成了城市中心体系。在一个城市中，由不同主导职能、不同等级规模、不同服务范围的中心区集合构成的联系密切、相互依存的有机整体称为城市中心体系。城市中心体系具有整体性、等级性、差异性和非均衡性的特征。同时，可以将城市中心体系中的中心区划分为两个等级：市级中心区、片区级中心区。其中市级中心区根据服务类型差异分为综合职能型和专业职能型两种，分别对应主中心区和副中心区，副中心区又可以分为生活服务副中心区、生产服务副中心区、公益服务副中心区等类型；而片区级中心区则主要为所在片区提供日常公共服务。从城市中心体系的整体结构入手，可分为"一主多副"结构、"两主多副"结构以及"多中心区"结构。

有研究认为城市活力来源于人群活动，是人群因交流互动、生活活动而产生集聚消散变化的外在表现。而城市中心区是城市中吸引人群聚集的主要空间，尤其是以"消费"为主要特征的夜间人群集聚，因此城市中心体系理论是研究人群集聚以及由于人群集聚、分散而形成的城市活力和活力流动的又一基础。

第 3 章

天津夜间城市
活力识别与
空间分布规律

本章从人的活动和经济活动两个方面，选用融合了人群、消费和空间三种类型的大数据，即百度慧眼大数据、大众点评数据、百度POI数据和夜间灯光遥感数据等对天津市中心城区的夜间活力展开定量研究，可视化地表达夜间城市活力的活力等级、空间分布特征和时空变化特征，并对典型区域所表现出来的代表性特征进行现象总结和成因探索，进而为掌握夜间城市活力时空分布规律以及制定城市的夜间活力提升策略提供方法支撑与决策依据。

3.1

数据来源

研究所使用的数据主要包括基础地理数据和网络开源数据，通过官方网站下载和网络爬虫爬取等方式获得，数据来源包括天津2020年行政边界数据、城市路网数据、百度慧眼大数据、大众点评数据、百度POI数据、建筑物轮廓数据及NPP-VIIRS夜间灯光遥感数据，如表3-1-1所示。

表3-1-1　数据来源及相关说明

数据名称	数据年份	数据类型	数据来源
行政边界数据	2020年	矢量	全国地理信息资源目录服务系统
城市路网数据	2021年	栅格	OpenStreetMap
百度慧眼大数据	2021年	表格	百度地图慧眼爬虫
大众点评数据	2021年	表格	大众点评网爬虫
百度POI数据	2021年	表格	百度地图爬虫
建筑物轮廓数据	2021年	矢量	高德地图爬虫
NPP-VIIRS夜间灯光遥感数据	2021年	栅格	美国国家海洋和大气管理局官网

（表源：作者自绘）

其中，部分数据具体情况如下：

① 百度慧眼大数据。从百度公司旗下时空大数据服务平台"百度慧眼"中爬取城市人口

地理大数据，该数据通过记录使用百度产品用户的位置信息，将空间分为等距点来记录人口值。以研究区域2021年11月15日至2021年11月21日连续一周的时间为研究区间，从当天18：00到次日6：00，每两个小时计一个时刻，每天共七个时刻，共选取人口数据956725条，运用Python进行预处理并求平均值，得到包含位置数据的工作日与周末夜间平均人口值。

② 大众点评数据。大众点评是国内领先的第三方消费点评平台，拥有庞大的用户量及评分数据。采用Python爬虫对2021年11月的大众点评数据进行爬取。依据夜间城市活力的构成类型，按照评价对象的不同，将数据分为餐饮美食、景点绿地、文化娱乐、休闲娱乐、购物消费5类，同时剔除评分低于1分或评论数少于5条的数据，经过筛选去重，最终获得55722条数据。

③ 百度POI数据。POI数据提供了城市经济、生活等全部实体要素的地理信息，因此可以认为该数据能够代表城市功能与空间结构的全部研究对象。利用Python调用百度地图API，爬取2021年11月天津市中心城区POI数据共362245条，参考《国土空间调查、规划、用途管制用地用海分类指南》中对用地的分类，结合天津实际情况，将POI数据分为科教文化、餐饮美食、休闲购物、民宿酒店、生活服务、交通设施、居住小区7大类。经分类统计后天津市中心城区POI数据如表3-1-2所示。

表3-1-2　2021年天津市中心城区POI数据

功能类型	内容	数量/个	比重/%
科教文化	艺术、曲艺等	21606	5.96
餐饮美食	中餐厅、网红餐厅等	73728	20.35
休闲购物	商业广场、超市等	135370	37.37
民宿酒店	酒店、民宿等	7581	2.09
生活服务	美发、洗浴等	80717	22.28
交通设施	车站、停车场等	29154	8.05
居住小区	住宅	14089	3.89

（表源：作者自绘）

④ 夜间灯光遥感数据。夜间灯光遥感数据为NPP-VIIRS，是美国国家极轨业务环境卫星系统搭载的可见光红外成像辐射仪数据，其空间分辨率约为740m，研究取该产品2021年11月的月平均数据，利用天津市中心城区边界进行裁剪并进行重采样，最终得到适宜本研究的夜间灯光遥感数据。

3.2

研究框架与研究方法

3.2.1 研究框架

研究框架如图3-2-1所示。以天津市中心城区为研究对象，选取夜间人群活力强度、夜间人群活动密度波动、夜间经济活动满意度、夜间经济活力强度和夜间经济活力多样性作为量化指标。具体如下：①运用百度慧眼大数据计算夜间人群活力指标，包括夜间人群活力强度和夜间人群活动密度波动。②运用大众点评数据计算夜间经济活动满意度指标和夜间经济活力强度指标。③运用百度POI数据计算夜间经济活力多样性指标，并进行功能区识别。将以上五个指标分别带入熵值TOPSIS活力模型，并将功能区识别出的居住功能作为负向指标，以避免因被动活力而带来的误差，将其余指标作为正向指标，得出夜间城

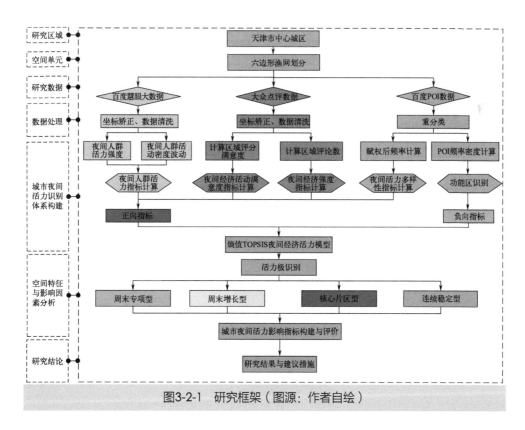

图3-2-1 研究框架（图源：作者自绘）

市活力评价结果。④将评价结果进行活力极识别，并依据周末与工作日活力极空间分布的变化特征将活力极分为四类区域。⑤对四类区域的夜间城市活力空间分布规律进行分析，构建影响因素指标体系，并具体分析各指标对四类区域的影响机制。⑥依据研究结果提出措施与建议。

3.2.2 研究方法

3.2.2.1 夜间城市活力评价指标量化

夜间城市活力评价指标包括夜间人群活力、夜间经济活动满意度、夜间经济活力强度、夜间经济活力多样性、功能区识别5个方面。

（1）夜间人群活力评价指标

① 夜间人群活力强度。人流量是地区夜间城市活力的直观表现形式，也是活力研究中最为重要和广泛的评价指标之一，采用此模型进行计算，以获得夜间人群活力强度，见式（3-2-1）：

$$V_{\text{int}} = \frac{\sum\limits_{i=1}^{n} v_i}{nS} \tag{3-2-1}$$

式中，V_{int} 为活力强度值；v_i 为该网格内第 i 个时刻的百度定位数值，i=1，2，3，…，n；n 为此研究中所有的百度定位时刻数量；S 为渔网单元面积。活力强度值越大，表明人群活力强度越高，人群聚集密集程度越高，即夜间城市活力强度也越高。

② 夜间人群活力密度波动。采用活力密度波动模型研究网格单元内的人群活力密度变化特征，见式（3-2-2）：

$$V_{\text{flu}} = \sqrt{\frac{\sum\limits_{i=1}^{n} (v_i / S - \bar{v} / S)^2}{n}} \tag{3-2-2}$$

式中，V_{flu} 为人群活力波动值；v_i 为网格内第 i 个时刻的百度定位数值，i=1，2，3，…，n；n 为此研究中所有的百度定位时刻数量；$\bar{v}$ 为所有时刻百度定位数值的平均值；S 为渔网单元面积。活力密度波动值越大，表明不同时刻人群密度变化差异越大，即地区内部夜间人群流动速率越强。

（2）夜间经济活动满意度评价指标

活动满意度越高的地区，人群前往意向越高，其对于夜间活动人群的吸引力也越强烈。因此利用大众点评商家评分数据，对爬取到的19类数据剔除不满足夜间经济营业时间的商家数据，随后按照夜间商业结构研究与实地调研结果将其分为餐饮美食、景点绿地、文化娱乐、休闲娱乐、购物消费5类，并引用活动满意度模型，对人的体验这种抽象概念进行具象量化处理，以获得活动满意度评价值，见式（3-2-3）：

$$Sat = \frac{\sum\limits_{i=1}^{n} G_i}{S}$$ （3-2-3）

式中，Sat 为活动满意值；G_i 为网格单元内第 i 类大众点评评分的核密度值；S 为网格单元面积。活动满意度越高代表此地对于夜间活动人群的吸引力越强烈。

（3）夜间经济活力强度评价指标

人群实际参与夜间经济活动的次数同样能很好地反映夜间经济活力，此部分同活动满意度指标一样，采用大众点评数据，将数据分为五类，剔除不满足夜间经济营业时间的商家数据，建立夜间经济活动强度评价模型，以获得夜间经济活动强度值，见式（3-2-4）：

$$Int = \frac{\sum\limits_{i=1}^{n} Q_i}{S}$$ （3-2-4）

式中，Int 为夜间经济活动强度值；Q_i 为网格单元内各类大众点评数据的评论数；S 为网格单元面积。夜间经济活动强度越高，代表此地实际参与夜间活动的人群就越多，整体夜间经济活力也越好。

（4）夜间经济活力多样性评价指标

一个夜间城市活力强劲的地区必定在商业结构上有多元化特性，土地单元又是人们进行商业活动的承载体，因此此项指标参考生物多样性指数计算研究方法，研究土地利用多样性，以获得活力多样性值，见式（3-2-5）：

$$^q D = \left(\sum\limits_{i=1}^{n} P_i^q \right)^{1/(1-q)}$$ （3-2-5）

式中，D 代表夜间经济活力多样性；n 代表土地利用类型数量；P_i 为空间单元内第 i 类 POI的频率密度，i 代表土地利用类型出现的频率；q 为阶数（0~2），分别表示土地利用的丰富度、无序度、聚集度，所反映的是多样性指数对物种的敏感度。其中 $q=1$ 时，即土地利用无序度反映土地利用类型分配的均匀程度，此阶数能更好地适用于夜间经济活力多样性评价，见式（3-2-6）：

$$^1 D = \exp\left(-\sum\limits_{i=1}^{n} P_i \ln P_i \right)$$ （3-2-6）

因不同POI数据对研究的贡献程度不同，在计算频率密度 P_i 时需要利用德尔菲法对各类POI数据赋权重，见式（3-2-7）。本研究邀请城乡规划学、经济学和管理学等相关专业的学者组成专家小组。根据权威性和专业性的原则，本研究共有15位学者进行打分，涉及城乡规划学学者7位，经济学学者4位，管理学学者4位，15名学者均为副教授及以上职称。通过专家权威程度的计算，两轮结果均大于0.7，可视为此研究权威程度较高。最终得出各类数据权重：科教文化0.1、餐饮美食0.4、休闲购物0.3、民宿酒店0.05、生活服务0.05、交通设施0.1。

$$P_i = \frac{w_j k_j}{k_j \sum_{j=1}^{6} w_j} \tag{3-2-7}$$

式中，w_j 代表第 j 类POI权重；k_j 代表渔网单元内第 j 类POI总和；6代表6类POI。其结果越高代表此地功能混合性越强，所能吸引的人流量也越多。

（5）城市功能区识别

单一居住功能地区人口密度过大也会表现出类似夜间城市活力较强区域的特征，这会影响夜间城市活力评价的准确度，因此本研究利用功能区识别模型识别此区域，作为负向指标带入评价模型，以避免因为被动活力影响评价结果。见式（3-2-8）、式（3-2-9）：

$$P_i = \frac{n_i}{N_i} \tag{3-2-8}$$

$$C_i = \frac{P_i}{\sum_{i=1}^{6} P_i} \tag{3-2-9}$$

式中，P_i 为第 i 类POI的频率密度，i 为POI类别数；n_i 为渔网单元内第 i 类POI数量；N_i 为第 i 类POI总数；C_i 为第 i 类POI功能类型比例，即街区内第 i 类POI频率密度占街区内所有类别POI频率密度的比例。

3.2.2.2 建立熵值TOPSIS活力模型

（1）TOPSIS算法评价

TOPSIS算法，即逼近理想解排序法，也被称为优劣解距离法。通常用于对一个拥有多个指标的对象进行综合分析评价，具体步骤如下：

① 首先是统一分析对象的单调性，然后进行归一化处理，见式（3-2-10）：

$$A_{ij} = \frac{x_{ij}}{\sqrt{\sum_{i=1}^{n} x_{ij}^2}} \tag{3-2-10}$$

式中，A_{ij} 为归一化处理后结果；x_{ij} 代表第 i 个对象在第 j 个指标上的取值。

此步骤主要将影响夜间城市活力的人、空间、感受等有量纲要素进行归一化处理，使其变为无量纲要素，增加评价模型的准确性。

② 进行加权处理分配权值，见式（3-2-11）：

$$\mathbf{Z}_{ij} = W_{ij} A_{ij} \tag{3-2-11}$$

式中，$\mathbf{Z}_{ij}$ 为方案矩阵；W_{ij} 为权值。

此步骤主要将评价夜间城市活力各要素间的相对重要程度进行分配，运用熵值法进行权重计算以避免人为因素带来的偏差。

③ 分别计算各个评价对象与最优方案及最差方案的距离，见式（3-2-12）、（3-2-13）：

$$D_i^+ = \sqrt{\sum_{j=1}^n (Z_{ij} - Z_j^+)^2} \tag{3-2-12}$$

$$D_i^- = \sqrt{\sum_{j=1}^n (Z_{ij} - Z_j^-)^2} \tag{3-2-13}$$

式中，D_i^+、D_i^- 为到最优与最差方案的距离；Z^+、Z^- 为最优、最差方案。

此步骤主要是计算夜间城市活力评分，选出最高、最低得分，最后给出每个单元最高得分与最低得分的距离，避免因过于主观的判断对夜间经济活力评价结果造成影响。

④ 计算综合评价值，其中 B 值越大说明综合评价越好，最大值为1，见式（3-2-14）：

$$B_i = \frac{D_i^+}{D_i^+ + D_i^-} \tag{3-2-14}$$

此步骤可得出夜间城市活力综合评价值，以科学、客观的方式描述夜间城市活力。

（2）熵权法指标定权

熵权法是一种根据数学方法来量化指标间的离散程度及关系的客观赋权法，即3.2.3章节中的赋权方法。

① 进行归一化处理，并建立归一化矩阵 $\mathbf{N} = [x_{ij}]_{nm}$

② 计算第 i 项指标占第 j 项指标的比重，见式（3-2-15）：

$$Y_{ij} = \frac{X_{ij}}{\sum_{i=1}^m X_{ij}} \tag{3-2-15}$$

③ 计算指标信息熵，见式（3-2-16）：

$$e_j = -k \sum_{i=1}^{m} (Y_{ij} \times \ln Y_{ij}) \tag{3-2-16}$$

④ 计算信息熵冗余度，见式（3-2-17）：

$$d_j = 1 - e_j \tag{3-2-17}$$

⑤ 计算指标权重，见式（3-2-18）：

$$W_i = \frac{d_j}{\sum\limits_{j=1}^{n} d_j} \tag{3-2-18}$$

3.2.2.3　计算Getis-Ord Gi*热点指数

Getis-Ord Gi*热点指数也叫热点分析法，可以用于分析一定区域内的空间集聚特征，识别冷、热点，此分析可以得到城市夜间活力热点区域。计算公式见式（3-2-19）：

$$G_i^* = \frac{\sum\limits_{j=1}^{n} w_{i,j} x_j - \bar{X} \sum\limits_{j=1}^{n} w_{i,j}}{S \times \sqrt{\dfrac{n \sum\limits_{j=1}^{n} w_{i,j}^2 - \left(\sum\limits_{j=1}^{n} w_{i,j}\right)^2}{n-1}}} \tag{3-2-19}$$

式中，x_j 是要素 j 的属性值；$w_{i,j}$ 是要素 i 和 j 之间的空间权重；n 为要素总数；$\bar{X}$ 是所有属性值的平均值；S 是热点指数。计算公式见式（3-2-20）、式（3-2-21）：

$$\bar{X} = \frac{\sum\limits_{j=1}^{n} x_j}{n} \tag{3-2-20}$$

$$S = \sqrt{\frac{\sum\limits_{j=1}^{n} x_j^2}{n} - \bar{X}^2} \tag{3-2-21}$$

3.2.2.4　计算局部莫兰指数

主要识别各聚集区与周边聚集区间潜在相互依赖的指标，本书以高-高聚集区作为各夜间城市活力区范围，见式（3-2-22）：

$$I_i = \frac{x_i - \bar{x}}{S_i^2} \sum_{j=1, j \neq i} W_{ij} (x_j - \bar{x}) \tag{3-2-22}$$

式中，I_i 代表点 i 的局部莫兰指数的统计值；W_{ij} 是空间权重矩阵；x_i 和 x_j 分别为第 i 和第 j 个要素的属性值；$\bar{x}$ 是所有属性值的平均值。其中方差 S_i^2 的公式如下：

$$S_i^2 = \frac{\sum_{j=1, j\neq i}^{n} (x_j - \bar{x})^2}{n-1} = -\bar{x}^2 \tag{3-2-23}$$

3.3
夜间城市活力集聚区等级分布与类型划分

3.3.1 夜间城市活力集聚区等级分布

基于TOPSIS活力模型得到天津市中心城区工作日、周末夜间城市活力，使用几何间隔分级法将综合活力分为五级，按活力值从高到低依次是高活力区、较高活力区、一般活力区、较低活力区和低活力区。

高活力区主要依托于各商业中心与交通枢纽，集中分布在海河以南的和平区、南开区与河西区，并以滨江道商业区为主核心，南开大悦城与小白楼商业区为次核心，形成天津市中心城区最大的夜间城市活力片区；较高活力区主要分布在河北区、河东区和红桥区，虽然较高活力区的活力略低，但也均有明显的片区活力中心；北辰、西青、东丽和津南四区中属于中心城区的部分夜间城市活力整体最低。天津市中心城区的夜间城市活力空间分布符合点轴理论规律，并且形成显著的扩散效应，以增长极为核心带动周边地区，并串联各点形成总体格局。

工作日与周末夜间城市活力空间分布特征与形态相似，但周末城市夜间活跃区范围与活跃度明显高于工作日。经统计，工作日夜间城市活力平均值为0.004800193，周末为0.011818429，周末的夜间城市活力值是工作日的两倍多；工作日夜间城市活力标准差为0.014555778，周末为0.018060803，工作日标准差略低于周末。为更直观地表达，分别统计四类活力区工作日、周末的栅格数量与总面积（表3-3-1、图3-3-1）。从图表中可以看出高活力区的栅格数量和总面积在周末和工作日的差异性最大，人们在周末的休闲、游憩活动更倾向于向最有夜间活力的地区聚集。

表3-3-1 工作日与周末分类栅格数量与总面积对比

综合活力分级	工作日		周末	
	栅格数量/个	总面积/km²	栅格数量/个	总面积/km²
低、较低活力区	33960	221.249467	29467	191.977505
一般活力区	9886	64.407295	11825	77.039875
较高活力区	7483	48.751745	9642	62.81763
高活力区	301	1.961015	596	3.88294

（表源：作者自绘）

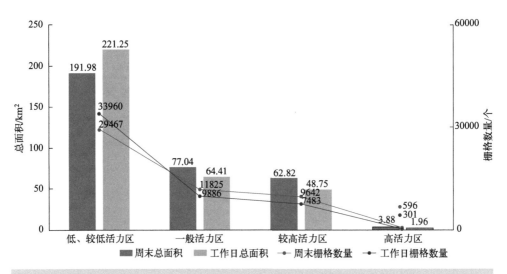

图3-3-1 工作日与周末分类栅格数量与总面积对比图（图源：作者自绘）

在对夜间城市活力区空间分布特征进行分析后，计算局部莫兰指数，并将高-高聚集区识别为夜间活力集聚区。使用Getis-Ord Gi*热点指数对夜间城市活力集聚区做进一步分析，将其分为置信度为99%的热点、置信度为95%的热点和置信度为90%的热点，从而识别出夜间城市活力极。

总体来看，天津市中心城区的夜间城市活力极空间分布呈现出明显的以和平区为中心的向心性特征，越往外靠近外环线活力极的空间分布数量越少且分布越不均衡。最突出的夜间城市活力极是以西北角-南开大悦城-滨江道步行街-小白楼-下瓦房为核心的带状活力极，同时在远洋国际中心、河东万达、狮子林大街、海光寺商业区、上谷商业街和奥城商业街等地形成次一级的活力极。

3.3.2 夜间城市活力集聚区类型划分

从工作日和周末夜间城市活力集聚区内的活力极空间分布对比来看，夜间城市活力集聚区可分为四种类型。①周末专项型：工作日活力极面积几乎为零，周末活力极面积在区域内增长较大。②周末增长型：工作日活力极呈小的点状分布，周末活力极围绕工作日小的点位产生扩散。③核心片区型：工作日活力极呈散点状分布，周末活力极呈片状分布。④连续稳定型：工作日与周末活力极面积几乎无差别。

为探究夜间城市活力集聚区空间分布与其背后影响因素的关系，依据四种夜间城市活力集聚区的类型，通过以下三个步骤将所有集聚区进行分类：①识别工作日的夜间活力集聚区是否在周末连接成片。对工作日夜间活力集聚区进行几何中心分析，若周末的集聚区内包含三个以上（含三个）工作日的集聚区几何中心，则视为连接成片，否则视为基本维持原有形态。②计算周末夜间活力集聚区内增长极面积增加比例。通过计算周末与工作日增加比例，确定增长面积大于35%（含35%）的为增长，否则视为基本维持原状。③确定工作日活力极面积。将第一步数量<3且第二步增加比例≥35%的代入此步，分析其工作日活力极面积，小于1.5hm²的视为基本为零（表3-3-2）。

表3-3-2 各集聚区类型识别要素

集聚区类型	几何中心数量	周末增长极增加比例	工作日活力级面积
周末专项型	<3	≥35%	<1.5hm²
周末增长型	<3	≥35%	>1.5hm²
核心片区型	≥3	≥35%	—
连续稳定型	<3	<35%	—

（表源：作者自绘）

通过划分可以看出各类型空间分布特征明显。周末增长型数量较多，与周末专项型一同零散分布在核心片区型周围，主要集中在东部；核心片区型集中在和平区并辐射周边区域；连续稳定型数量最少、面积最小，主要分布在西部。

周末增长型以缤纷购物广场片区等为典型代表区域，多以大型综合商场为核心，周边有零散商业分布。工作日活力极面积较小，在空间分布上以综合商场为主，周末活力极呈面状片区形态，开始扩散到周边的街区商业（图3-3-2）。

图3-3-2 周末增长型活力集聚区分布示意图（图源：作者自绘）

　　周末专项型以中山门片区等为典型区域，主要是居住社区。这些典型区域的夜间城市活力极在业态上以全面服务日常生活的餐饮、托管教育、美容美发、养生会馆和零售业等为主，在空间分布上以社区底商为主，活力极的总体规模基本不超过十五分钟生活圈范围（图3-3-3）。

图3-3-3 周末专项型活力集聚区分布示意图（图源：作者自绘）

　　核心片区型以滨江道片区等为典型区域，多为大型商业综合体片区，各类商业分布密集，融合了餐饮、购物、文娱、养生、旅游等丰富的业态，在空间分布上以各主体商场、旗舰店、老字号和网红店为主要活力极，周末沿商业轴线形成夜间城市活力片区（图3-3-4）。

图3-3-4 核心片区型活力集聚区分布示意图（图源：作者自绘）

　　连续稳定型以奥城片区等为典型区域，多为独立商业综合体，工作日与周末活力极面积相差较少，片区内融合零售、餐饮、文化、娱乐等多种业态，其活力极在空间分布上基本依附于核心商业综合体，活力极整体规模不超过商业综合体服务范围（图3-3-5）。

图3-3-5 连续稳定型活力集聚区分布示意图（图源：作者自绘）

3.4

夜间城市活力影响机制

3.4.1 夜间城市活力影响因素指标体系构建

本研究结合已有文献中关于城市活力影响因素的研究，综合考虑天津中心城区夜间城市活力的特征与城市建成环境等情况，从交通便利度、游客可达度、光环境强度、人口聚集度和设施密集度五个方面选取影响天津市中心城区夜间城市活力的十三项指标（表3-4-1）。

表3-4-1 天津市中心城区夜间城市活力影响指标

影响因素	指标	计算方式
交通便利度	公交站点密度	公交站点核密度/单元面积
	道路可达性	单元内路网长度/单元面积
游客可达度	外地游客便利性	单元中心到最近高铁站距离
光环境强度	夜间灯光强度	夜间遥感影像亮度平均值
人口聚集度	人口密度	人口数量/单元面积
设施密集度	公共厕所密度	公共厕所数量/单元面积
	停车场便利度	停车场数量/单元面积
	餐饮设施密度	餐饮设施/单元面积
	科教设施密度	科教设施/单元面积
	生活设施密度	生活设施/单元面积
	购物设施密度	购物设施/单元面积
	住宿设施密度	住宿设施/单元面积
	交通设施密度	交通设施/单元面积

（表源：作者自绘）

以四类区域的夜间城市活力评价结果作为因变量，所选取的五大类十三个指标作为自变量，将数据进行归一化处理后利用Speaman（斯皮尔曼）相关性分析对天津市中心城区夜间城市活力影响指标进行分析（表3-4-2）。

表3-4-2　天津市中心城区夜间城市活力

探测因子	夜间灯光强度	道路可达性	外地游客便利性	停车场便利度	公共厕所密度	公交站点密度
整体	0.1 (0.000***)	0.231 (0.000***)	−0.018 (0.169)	0.151 (0.000***)	0.138 (0.000***)	0.035 (0.007***)
周末专项型	−0.015 (0.790)	0.235 (0.000***)	0.042 (0.454)	0.151 (0.006***)	0.106 (0.056*)	−0.033 (0.549)
周末增长型	0.099 (0.005***)	0.21 (0.000***)	0.083 (0.019**)	0.144 (0.000***)	0.13 (0.000***)	−0.006 (0.875)
核心片区型	0.097 (0.000***)	0.233 (0.000***)	−0.04 (0.006***)	0.156 (0.000***)	0.135 (0.000***)	0.071 (0.000***)
连续稳定型	0.224 (0.027**)	0.257 (0.011**)	0.155 (0.128)	0.024 (0.814)	0.218 (0.031**)	0.208 (0.040**)

注：***、**、*分别代表1%、5%、10%的显著性水平（括号内为显著性P值）。（表源：

影响指标相关系数

人口密度	餐饮设施密度	科教设施密度	生活设施密度	购物设施密度	住宿设施密度	交通设施密度
0.468 (0.000***)	0.393 (0.000***)	0.259 (0.000***)	0.463 (0.000***)	0.375 (0.000***)	0.178 (0.000***)	0.165 (0.000***)
0.548 (0.000***)	0.344 (0.000***)	0.251 (0.000***)	0.353 (0.000***)	0.347 (0.000***)	0.153 (0.006***)	0.165 (0.003***)
0.516 (0.000***)	0.339 (0.000***)	0.259 (0.000***)	0.385 (0.000***)	0.317 (0.000***)	0.139 (0.000***)	0.156 (0.000***)
0.458 (0.000***)	0.402 (0.000***)	0.253 (0.000***)	0.481 (0.000***)	0.386 (0.000***)	0.182 (0.000***)	0.168 (0.000***)
0.484 (0.000***)	0.577 (0.000***)	0.427 (0.000***)	0.574 (0.000***)	0.476 (0.000***)	0.225 (0.026**)	0.018 (0.862)

作者自绘 ）

从整体的影响因素指标来看，除外地游客便利性外，其余均通过显著性检验。其中影响较为显著的因素为：人口密度（0.468）、生活设施密度（0.463）、餐饮设施密度（0.393）、购物设施密度（0.375）、道路可达性（0.231）。

3.4.2　夜间城市活力影响因素作用机制

从宏观来看，夜间城市活力受人口密度、设施密度影响较大，说明无论何种类型的夜间活力集聚区都应注重人口的吸引与基础设施的建设。从微观来看，各类型的夜间活力集聚区均有不同的影响指标侧重点。

（1）周末增长型影响因素分析

此类区域的夜间城市活力与人口密度、生活设施密度、餐饮设施密度和购物设施密度指标相关性较高，且与外地游客可达性指标的正相关性在四类区域中最高，表明此类区域部分周末客源来自于周边游客。形成这种现象的主要原因，一是区域内工作日有主体商场带来的持续人流所产生的夜间活力，而周末时区域内居民与跨区域的外来人群共同产生扩散的活力极；二是空间形态上符合扩散效应，即核心的综合商场吸引大量夜间活动人群，超出服务能力的溢出部分由商场核心区周边散布的商业街区进行承接，综合商场和周边商业街区呈互相促进发展的状态。

（2）周末专项型影响因素分析

此类区域的夜间城市活力与夜间灯光强度和公交站点密度呈负相关，与人口密度、生活设施密度、餐饮设施密度、购物设施密度、道路可达性相关性较高。形成这种现象的主要原因，一是这些典型区域是比较成熟的、成规模的居住社区，周边有足够多的人群支撑起活力极的产生；二是这些区域的服务人群多为社区内部居民，其工作日夜间生活需求较少，周末需求较大，且区域内的业态构成是自下而上的人群需求导向，主要以服务日常生活为主，具有"人群易消散+时间周期性"的特点；三是区域内生活圈配套建设较为齐全，居民可以在生活圈内满足其夜间生活的大部分需求，不需要跨区域流动，夜间城市活力可以就地在区域内形成。

（3）核心片区型影响因素分析

此类区域的夜间城市活力与13个影响因素均呈显著性相关，其中12个指标为正相关且相关系数在四类片区中处于上游水平，1项指标为负相关，即外地游客便利性。形成这种现象的主要原因，一是区域内活力人群以本市跨区域人群为主，且消费人群本身的时间属性周期性较弱，能保证持续活力的产生；二是区域整体知名度较高，各种夜间经济业态和服务设施丰富，具有很强的吸引力，也能很好地承接大量人群；三是各活力极在空间分布上符合点轴理论的模式，即当多个活力极发展到其承载力极限时，会向外溢出，而此时各活力极之间零散的商业空间逐渐串成轴线，进而带动更多人流前往该地区，最终扩展成为夜间城市活力集聚区。

（4）连续稳定型影响因素分析

此类区域的特点是除停车场便利度、交通设施密度外，与其余指标的相关性基本都为四类片区最高。从其与夜间灯光强度、公共厕所密度和大部分设施的相关性最高均可看出此类片区拥有较稳定的客流，且不随工作日与周末而变动。形成这种现象的主要原因，一是这些片区的服务辐射范围较大，服务对象稳定，工作日与周末人群数量差别不大；二是其空间形态较为独立，夜间活动只在其商业体内部进行，周边无零散商业可以承接溢出的夜间游客，导致夜间活力极边界明显；三是业态构成较为丰富，具有"长时效+全时性"的时间特点。

3.5

小结

本章研究基于TOPSIS算法，融合多源大数据建立了夜间城市活力识别模型，得出了天津市中心城区夜间活力评价结果和空间分布特征，并通过分析得出工作日与周末典型区域的夜间活力极分布规律和影响因素。

研究发现：

① 天津市中心城区夜间城市活力大部分依托商业功能区，主要位于海河西南岸的和平区、南开区与河西区，以滨江道商业步行街为主要核心，南开大悦城与小白楼商业区为次要核心，活力由中心向四周递减。周边区域虽有活力极分布，但未形成集聚规模。

② 周末的夜间城市活力明显高于工作日，人群的活动与需求差异造成了周末与工作日夜间城市活力的差异。同时区域商业业态的丰富度、人群构成的多样化也成为影响夜间活力的主要原因，商业业态多元化程度越高、人群结构越丰富的区域，夜间活力的持续性越强，反之则越弱。

③ 承载夜间活力的设施在空间上的分布特征对夜间活力的影响显著。依托底商形式出现且与居住区相融合的区域，其夜间活力工作日与周末变化明显；边界明晰且周边无街区商业承接外溢夜间人流的商业综合体，工作日、周末夜间活力几乎无变化，也无法形成

扩展的活力片区；主体商业空间密布加零散商业街区串联的片区承载夜间人群的弹性较大，可以形成大规模夜间活力片区。

④ 夜间城市活力集聚区大体可以分为四种类型，即周末专项型、周末增长型、核心片区型和连续稳定型，且四种活力集聚区的夜间城市活力影响因素各有不同。周末专项型与人口密度指标相关性最高，与夜间灯光强度无显著相关性；周末增长型与人口密度、生活设施密度、餐饮设施密度和购物设施密度指标相关性较高；核心片区型除与外地游客便利性为负相关外，其余指标均通过显著性检验呈正相关；连续稳定型除停车场便利度和交通设施密度外，其余指标基本都为四类区最高正相关。

第
4
章

天津昼夜城市
活力流动时空特征
与影响机制

本章利用百度热力、高德POI、路网和人口密度等多源数据，聚焦时间与空间两个维度，关注不同时段、不同空间的昼夜城市活力流动变化规律，探究昼夜城市活力流动的时空特征、相关影响因素及其作用机制。

4.1

数据来源

研究所用数据主要包括基础地理数据和网络开源数据，通过官方网站下载和网络爬虫等方式获得，数据来源包括天津2020年行政边界数据、百度热力数据、路网数据、人口密度数据及高德POI数据，如表4-1-1所示。

表4-1-1　相关研究数据统计

数据名称	数据时间	数据格式	数据来源
行政边界数据	2020年	矢量	全国地理信息资源目录服务系统
百度热力数据	2020年	栅格	百度地图
路网数据	2020年	矢量	OpenStreetMap
人口密度数据	2020年	矢量	WorldPop
高德POI数据	2020年	Excel	高德地图

（表源：作者自绘）

其中，百度热力数据是从百度地图爬取的2019年12月31日（工作日）至2020年1月1日（休息日）6~24点每两小时一张共18张热力图数据，数据分辨率为4m/像素，满足研究精度要求。路网数据通过OpenStreetMap开源地图平台下载，主要提取motorway（高速公路）、trunk（干道）、primary（主要道路）等次干道及以上道路的数据。人口密度数据从中国科学院资源环境科学与数据中心下载获取。POI数据来源于2020年高德地图，选取包括购物、科教文化、公司企业、交通设施等13种数据类型，经过清洗筛选及研究范围裁剪共获得数据104382条。

4.2

研究框架与研究方法

4.2.1 研究框架

　　城市活力增长与消散的变化是活力流动过程及特征的外在表现。本书将研究区域以500m×500m的渔网单元进行划分，并以每个渔网单元为基础研究单元。为了清楚地表达昼夜城市活力的流动状态，首先对百度热力数据进行裁剪、地理配准和投影转换等数据预处理，根据热力图颜色与人口密度的对应关系重分类，量化基础研究单元内的活力差与活力标准差，以定义昼夜城市活力流动的活跃度。再通过不同时段活力差变化，从时间与空间两个维度可视化表达和分析昼夜城市活力流动特征。然后，参考《国土空间调查、规划、用途管制用地用海分类指南》中的用地分类，结合天津实际情况，把经过数据预处理的高德POI数据重分类，再进行核密度与绝对信息熵计算，量化和筛选昼夜城市活力流动的影响因素。最后，对被解释变量活力标准差进行空间自相关分析以判断是否存在空间集聚，对被解释变量活力标准差与解释变量影响因素进行最小二乘法回归分析，以除去冗余变量，同时筛选出显著相关变量，进而将活力标准差与显著影响因素进行地理加权回归分析来研究影响因素的作用机制（图4-2-1）。

4.2.2 研究方法

4.2.2.1 量化昼夜城市活力流动活跃度

　　（1）昼夜城市活力流动值量化

　　人群的各类活动不能在一个地方完成，需要通过流动来克服空间距离以满足其对活动目的地的诉求。于是人群在空间上的流动会在一些地区出现聚集的现象，在另一些地区出现消散的现象，这就是活力的产生及流动的过程，城市活力具象地表现为城市中人群的集聚与消散。

　　活力差计算：活力增长与消散的变化是活力流动过程及特征的外在表现，因此需要通过不同时刻间的活力值差来计算该地方的活力流动变化。本研究采用此时刻活力值与下一时刻活力值的差来表示该地方某一时段内的活力流动值，将其标记为Difference-value。计算公式见式（4-2-1）：

夜间城市活力提升研究——以天津市为例

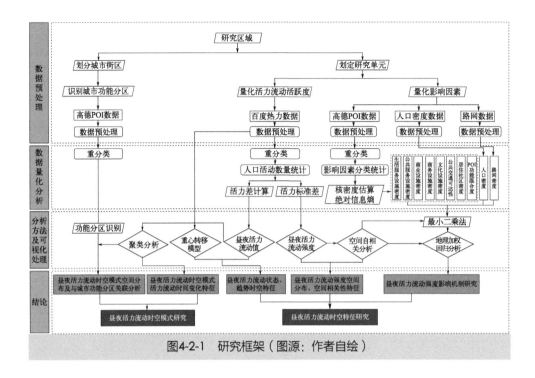

图4-2-1 研究框架（图源：作者自绘）

$$\text{Difference-value}_p^t = \text{value}_p^b - \text{value}_p^a \qquad (4\text{-}2\text{-}1)$$

式中，$\text{Difference-value}_p^t$表示研究单元$p$在时段$t$的活力流动值；$\text{value}_p^a$表示研究单元$p$在时刻$a$的活力值；$\text{value}_p^b$表示研究单元$p$在时刻$b$的活力值；时段$t$即时刻$a$与时刻$b$之间的时段。当$\text{Difference-value}_p^t > 0$时，表示研究单元$p$在时段$t$内活力值增长了，将该状态定义为活力增长流动，$\text{Difference-value}_p^t$值越大则表明活力增长流动的程度越高。相反，当$\text{Difference-value}_p^t < 0$时，则表示研究单元$p$在时段$t$内活力值降低了，将该状态定义为活力消散流动，$\text{Difference-value}_p^t$值越小则表明活力消散流动的程度越高。当$\text{Difference-value}_p^t = 0$时，表示研究单元$p$在时段$t$内活力值没有变动，但也不可确定其中是否出现活力流动，因此把维持活力值不变的状态定义为活力动态平衡流动。

（2）昼夜城市活力流动强度测度

每个基础研究单元在一天中不同时间段内的活力值都不尽相同，通过计算一天中研究区域内所有基础研究单元活力值的标准差，表现该研究单元的活力流动状态，进而展现研究区域内整体的活力流动强度。

活力标准差计算：为量化检测基础研究单元内昼夜城市活力流动状态，引用活力标准差模型，计算各单元两天中的活力标准差。活力标准差是衡量研究单元活力流动强度的重要指标，活力流动标准差大则表明一天中活力变化程度大，反之则表明活力流动变化程度小。计算公式如下：

$$V_f = \sqrt{\frac{\sum_{i=1}^{n}(v_i - \bar{v})^2}{n}} \qquad (4\text{-}2\text{-}2)$$

式中，V_f 表示单元活力标准差；i 表示不同时刻，i=6，8，10，…，24；v_i 表示研究单元内不同时刻的活力值；$\bar{v}$ 表示单元内不同时刻活力值的平均值。

4.2.2.2 昼夜城市活力流动时空特征分析方法

（1）重分类昼夜城市活力流动状态

基于ArcGIS操作平台，将分析得出的栅格数据的输出按照一定标准或条件指定间隔数以进行重新分类，将原数据重新分类整理得到符合研究分析说明的等级体系。

城市活力增长与消散的变化是活力流动过程及特征的外在表现。为了清楚地表达每个时段的活力流动状态，依据各时刻活力强度计算城市各时段的活力流动变化值，即 a 点至 b 点的活力流动变化等于 value_i^b 减去 value_i^a 的值。各时段活力流动量DV的阈值有差别，尝试依据工作日、休息日两日所有时段活力流动值的最大、最小值进行规定阈值的拉伸处理，发现最大、最小阈值差距较大且最大、最小阈值单元的数量极少，导致活力流动的空间特征表现并不明显。故本研究依据各时段活力流动量值的范围、数量，并参考自然间断点分级法的分级间隔点，将活力流动值从小到大重新分类为六类，每类具体阈值及活力流动状态分类如表4-2-1所示。活力流动值为0并不能否认研究区域内的活力流动，可能包含流入活力与流出活力基本抵消的状态，故本研究将活力流动量值为0的活力流动状态命名为活力动态平衡流动。

表4-2-1　活力流动状态分类

活力流动值范围	活力流动状态	活力流动值范围	活力流动状态
DV＜−20000	活力高消散流动	DV＞20000	活力高增长流动
−20000≤DV＜−6000	活力中消散流动	6000＜DV≤20000	活力中增长流动
−6000≤DV＜0	活力低消散流动	0＜DV≤6000	活力低增长流动

注：本研究将DV=0定义为活力动态平衡流动状态。（表源：作者自绘）

（2）重心转移模型

重心的概念来自力学，被解释为重力的合力作用于物体的所有部分的点。美国学者沃尔克依据力学重心原理提出了街区活力重心的理论，在城市与地理研究中广泛应用。处理后的百度地图热力图数据将研究区域的人群分布抽象成不同的带有人群热力值的色区单元，众多单元组合成整个研究区域，在研究区域内全部力矩达到平衡的支点即人群活力的重心。本研究利用研究区域内百度热力图数据分析得到的重心替代实际的人群活力重心，通过分析工作日与休息日两日的人群活力重心探究活力流动状态。

重心转移模型：重心表征研究对象在空间分布合力作用的点，重心转移可以在一定程度上反映研究区域各类活动变化情况，公式如下：

$$X = \sum_{i=1}^{n}G_i x_i / \sum_{i=1}^{n}G_i \tag{4-2-3}$$

$$Y = \sum_{i=1}^{n}G_i y_i / \sum_{i=1}^{n}G_i \tag{4-2-4}$$

式中，X、Y表示研究区域的活力重心点坐标；n表示研究区域内有n个区域；(x_i, y_i)表示第i个区域的地理中心坐标；G_i是区域i的活力值。利用重心模型识别不同时刻城市空间活力的密度中心，构建活力重心流动轨迹，可便于掌握城市空间活力流动倾向并进行对比。

（3）空间相关模型

利用全局莫兰指数（Global Moran's Ⅰ）与局部莫兰指数（Local Moran's Ⅰ）表征活力标准差的全局和局部聚集特征。根据地理学第一定律，空间自相关是判断事物在空间分布上的是否具有相关性以及相关程度的一种方法。全局莫兰指数反应的是研究区域内事物的空间集聚程度，局部莫兰指数是对每个研究单元与其周边单元的相关性进行分析。

全局莫兰指数计算公式如下：

$$I = \frac{n}{S_0} \times \frac{\sum_{i=1}^{n}\sum_{j=1}^{n}w_{ij}(y_i - \bar{y})(y_j - \bar{y})}{\sum_{i=1}^{n}(y_i - \bar{y})^2} \tag{4-2-5}$$

式中，n为空间单元数量；y_i、y_j和$\bar{y}$分别代表第i、j空间单元的活力标准差和全域活力标准差的平均值；w_{ij}是空间权重值；$S_0 = \sum_{i=1}^{n}\sum_{j=1}^{n}w_{ij}$。

局部莫兰指数计算公式如下：

$$I_i = \frac{Z_i}{S^2}\sum_{j\neq i}^{n}w_{ij}Z_j \tag{4-2-6}$$

式中，$Z_i = y_i - \bar{y}$；$Z_j = y_j - \bar{y}$。

全局莫兰指数取值区间为$[-1,1]$。当莫兰指数大于0时，说明存在空间正相关关系，即活力标准差大或小的研究单元在空间上趋于集聚，值越大则空间相关性越明显。当莫兰指数小于0时，说明存在空间负相关关系，即相邻研究单元的活力标准差存在差异，值越小差异越大。当莫兰指数等于0时，则表明活力标准差随机分布，没有空间相关性。通过局部莫兰指数计算出本地标化值 Z_i 和周边区域加权平均值 $\sum\limits_{j\neq i}^{n} w_{ij} Z_j$，将每个基础研究单元划分为高-高（本地高周边高）、低-高（本地低周边高）、低-低（本地低周边低）、高-低（本地高周边低）区域。

4.2.2.3 昼夜城市活力流动影响机制分析方法

（1）量化影响因素的分析方法

① 服务量化影响因素的POI重分类。本研究采用的POI数据来源于高德地图API接口所提供的高德地图数据，共23大类，从中筛选餐饮服务、风景名胜、交通设施和公司企业等16大类能够体现城市建成环境现状的数据，数据包括具体POI的类型、名称、经纬度等信息，共计104253条。参考《国土空间调查、规划、用途管制用地用海分类指南》中对用地的分类，结合天津实际情况，将POI数据重分类，见表4-2-2。

表4-2-2 高德POI服务量化影响因素的重分类结果

重分类大类	原大类	原中类	数量/条	总计/条	占比
公共服务	风景名胜	公园广场	401	10765	10.3%
	体育休闲	运动场	412		
	政府及社会团体	政府机关	7303		
	科教文化	学校	2112		
	医疗保健	医院	537		
居住	商务住宅	住宅区	5790	5790	5.6%
商务	金融保险	银行、保险公司	3084	28346	27.2%
	公司企业	公司	25262		
商业	餐饮服务	餐厅	420	3782	3.6%
	购物服务	超市、商场	972		
	住宿服务	宾馆酒店	1206		
	体育休闲	影剧院、休闲场所、娱乐场所、度假疗养场所	1184		

重分类大类	原大类	原中类	数量/条	总计/条	占比
文化	风景名胜	风景名胜及相关场所	907	1392	1.3%
	科教文化	博物馆、会展中心	485		
生活服务	生活服务	—	50850	50850	48.8%
公共交通	交通设施	地铁站、主要公交换乘站点	3328	3328	3.2%

（表源：作者自绘）

② 核密度估算。利用核密度分析工具对重分类的各类点状矢量数据进行核密度估算。该方法在分析和显示点数据时具有较大作用，可以探索设施点对邻近区域的影响辐射。计算公式如下：

$$f(x) = \sum_{i=1}^{n} \frac{1}{nh^2} k\left(\frac{x - x_i}{h}\right) \tag{4-2-7}$$

式中，$f(x)$ 为位于 x 位置的估算核密度和；h 为阈值（即带宽）；n 为阈值范围内的POI的点数；k 为核函数；x_i 为第 i 个POI点的位置。以各影响因素的核密度估算结果表征其对研究区域的影响程度。

③ 信息熵。采用信息熵反映研究单元内POI类型的均衡程度，以此来表现POI的混合度。信息熵是对一个随机事件产生各种可能结果的不确定性程度的一个度量，信息熵发生变化本质上是由随机事件概率分布的变化引起的。定义公式如下：

$$H(X) = -\sum_{i=1}^{n} p_i \lg p_i \tag{4-2-8}$$

式中，$H(X)$ 为POI功能混合度；p_i 为 i 类POI在研究基础单元中的数量占所有POI数量的比例。熵值越高则表明研究单元内的POI功能的混合度越高。

（2）影响因素作用机制分析的方法

① 最小二乘法。利用最小二乘法计算活力标准差与各影响因素的基础回归关系，以筛选出显著的影响因素。最小二乘法是一种通过最小化误差的平方寻找数据的最佳函数匹配的数学优化技术。公式如下：

$$y_i = \beta_0 + \sum_{j=1}^{k} \beta_j x_{ij} + \varepsilon_i \tag{4-2-9}$$

式中，y_i 为空间 i 位置的活力标准差；β_0 为二乘法空间截距；β_j 为第 j 项影响因素的回归系数；x_{ij} 为第 j 项影响因素在空间 i 位置的取值；ε_i 为算法残差。

② 地理加权回归模型。地理加权回归是一种纳入空间因素变化后的线性回归模型，通过建立空间范围内每个点位的局部回归方程，来探索研究对象在某一尺度空间下的空间变化及相关驱动因素。多尺度地理加权回归的公式如下：

$$y_i = \beta_0(u_i, \ v_i) + \sum_{j=1}^{k} \beta_j(u_i, v_i)x_{ij} + z_i \qquad (4\text{-}2\text{-}10)$$

式中，(u_i, v_i) 是基本渔网单元中心位置坐标；y_i 为渔网单元 i 的活力标准差；$\beta_0(u_i, v_i)$ 为截距；$\beta_j(u_i, v_i)$ 为回归分析系数，j=1，2，3，…，k；x_{ij} 代表渔网单元 i 上第 j 个影响因素的观测值；z_i 为随机误差项。

4.3

昼夜城市活力流动趋势时空分布特征

通过对工作日与休息日研究区域内6点至24点每2小时记录一次的百度地图热力图数据经处理后得到的活力值数据进行重心分析，并将各时刻重心按照时间顺序连接成序，即得到工作日与休息日昼夜城市活力重心流动轨迹。探究工作日与休息日活力重心移动的特征，并对两日进行对比。

工作日重心起点、终点与其他时刻点的点具有较明显的空间分区，活力重心随着早间通勤、午间活动、晚间通勤及休闲活动的规律变化而出现规律性移动，呈现西北—东南往返运动的状态［图4-3-1（a）］。休息日时刻间活力重心移动幅度较小，虽然休息日不如工作日活动规律显著，但仍出现较为规律的方向性运动，且轨迹未出现交叉现象［图4-3-1（b）］。可以看出活力流动趋势变化有如下特征：

（1）具有职住分离特征的"钟摆式"空间活力流动

昼夜城市活力重心主要处于和平区、河东区、河西区三区交互的小白楼区域附近。一天中的开始、结束时段与中间时段活力重心空间分布差异明显，呈东南、西北对角线分布。相较于起始与结束时段的重心分布，其他活动时段重心在研究区西北部集聚，在研究区范围内，工作休闲等空间分布于偏西北方向，城市的居住区分布偏东南。外环快速路以内的中心城区位于研究区域偏西北方向，这是市内人群工作生活的主要区域，通勤时段外围地区与中心区的大量活力流动，是具有显著职住分离特征的"钟摆式"空间活力流动。

（2）活力重心移动轨迹工作日折叠交叉，休息日环状折叠

工作日与休息日的活力重心移动轨迹具有明显差异，工作日中活力重心在10点达到早间通勤向西北移动至最终端后向东北移动，到12点后开始在西北—东南反复折返移动，契合人群工作日早中晚通勤及晚间休闲活动规律。相较于工作日，休息日活力的重心空间分布更分散，重心移动轨迹交叉度低、折叠度高。在8点后各时段重心呈环状在西南—东南反复折返移动。休息日8点活力重心位于工作日同时刻重心的东北方向，是一天中同时刻重心空间分布偏移最大的时刻。工作日与休息日8点后各时刻的活力重心移动轨迹呈交叉状，直到20点至22点出现几乎平行式的活力重心移动轨迹，且一天中20点与22点是除结束时刻外重心分布最接近的时刻。另外，相较于休息日，工作日时刻间活力重心移动轨迹幅度更大。

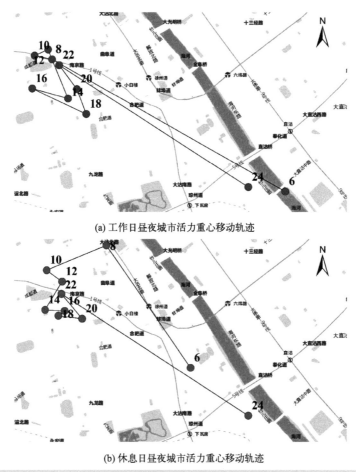

(a) 工作日昼夜城市活力重心移动轨迹

(b) 休息日昼夜城市活力重心移动轨迹

图4-3-1　昼夜城市活力流动趋势时空变化特征（图源：作者自绘）

4.4

昼夜城市活力流动状态时空分布特征

4.4.1 昼夜城市活力流动状态时间分布特征

通过统计工作日与休息日6点至24点每2小时一个时段共计9个时段的各类活力流动状态面积占比变化，来探究时间维度的昼夜城市活力流动特征。

（1）工作日昼夜城市活力流动状态时间分布特征

工作日昼夜城市活力高度流动状态面积占比不高，处于0%~2.5%区间，见图4-4-1（b）。活力高增长流动发生地区数量，在早间6点至8点时段达到一天中的最高数量，在之后的时间发展中经历两个平台期变化。10点至12点、16点至18点是活力高增长流动单元数量的波峰时段，晚间20点至22点数量稍有反弹，12点至14点、18点至20点与22点至24点为活力高增长流动单元数量的波谷时段。第一次波峰的发育时间（10点至12点）短于第二个波峰（16点至18点）。活力高消散流动同样经历三个波段变化，其波峰时段与活力高增长流动波谷时段相对，波谷时段亦与波峰时段相对。晚间波峰发育时段快于上午时段。

工作日活力中度流动状态地区的面积占比处于0%~4%区间，高于工作日活力高度流动状态，见图4-4-1（c），与高度流动状态的时间变化特征基本相同，活力中增长流动相较于高增长流动缺少午间10点至12点小高峰。活力中消散流动地区数量在10点至12点时段达到一个峰值，其午间波峰发育速度快于高消散流动。工作日活力低度流动状态是研究区域内主要的活力流动状态，其面积占比较大，处于0%~48%区间，见图4-4-1（d），与中度流动状态的时间变化特征基本相同。

工作日6点到10点及18点到24点是昼夜城市活力流动高峰期，其余时段活力流动随时间变化而稳定变化，即活力中、低增长流动逐渐增多，活力中、低消散流动逐渐减少，活力高增长流动、高消散流动和动态平衡流动相对稳定，见图4-4-1（a）。因此，按各类昼夜城市活力流动的特征不同，工作日时段可以分成6点至10点、10点至18点、18点至22点、22点至24点四个阶段，如图4-4-1所示。这与工作日人们的活动具有较长时间的稳定性与持续性有关。

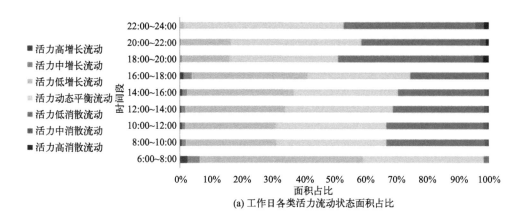

(a) 工作日各类活力流动状态面积占比

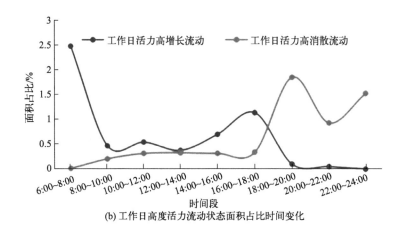

(b) 工作日高度活力流动状态面积占比时间变化

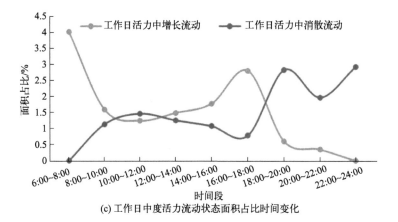

(c) 工作日中度活力流动状态面积占比时间变化

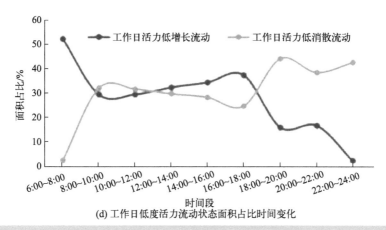

(d) 工作日低度活力流动状态面积占比时间变化

图4-4-1 工作日各类活力流动状态面积占比随时间变化情况（图源：作者自绘）

（2）休息日昼夜城市活力流动状态时间分布特征

休息日活力高度流动状态面积占比不高，处于0%～2%区间，比工作日更低，见图4-4-2（b），整体经历三个波段变化。活力高增长流动在8点至10点时间段达到一天中最大值，之后虽在14点至16点时段达到小波峰，但数量较少。活力高消散流动在6点至10点时段未出现，在12点至14点地区数量达到一天中第一个小高峰，在20点至22点达到一天中的最高峰。休息日活力中度流动状态处于0%～4%区间，是活力高度流动状态的两倍，见图4-4-2（c）。活力中度流动与活力高度流动时间变化基本相同。休息日活力低度流动状态同样是研究区域内主要的活力流动状态，处于0%～60%区间，高于工作日，见图4-4-2（d），其时间变化特征与前两种流动状态相同。

休息日以14点为界线，在8点到14点以及14点到22点的过程中，均呈现活力增长流动逐渐减少、活力消散流动逐渐增多的特征。但8点开始的活力低增长流动基数比14点开始的活力低增长流动基数大，8点开始的活力低消散流动基数比14点开始的活力低消散流动基数小，见图4-4-2（a）。活力增长流动波峰对应活力消散流动的波谷，分别在8点至10点和14点至16点两个时段，活力增长流动的波谷对应活力消散流动的波峰，在12点至14点时段，见图4-4-2（a）。可以明显看出休息日的8点、14点是两个标志性的时间节点，一个是人们在休息日8点左右集中出行，开始一天或者半天的以休闲为主的活动，二是在14点左右开始第二波出行或者第一波出行的回流。因此休息日时段可以分成6点至10点、10点至14点、14点至24点三个阶段。

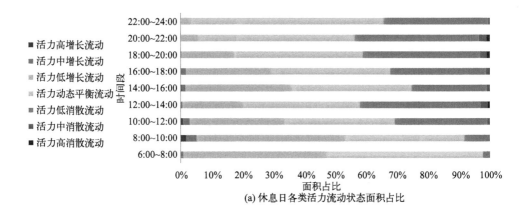

(a) 休息日各类活力流动状态面积占比

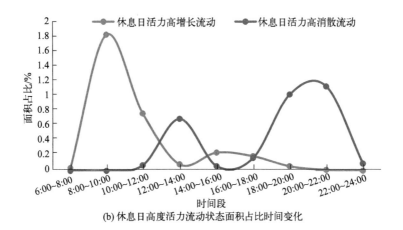

(b) 休息日高度活力流动状态面积占比时间变化

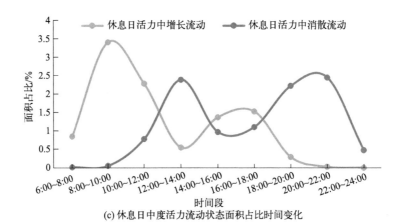

(c) 休息日中度活力流动状态面积占比时间变化

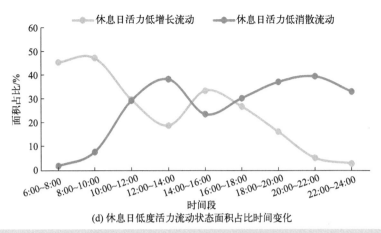

(d) 休息日低度活力流动状态面积占比时间变化

图4-4-2 休息日各类活力流动状态面积占比随时间变化情况（图源：作者自绘）

对比工作日与休息日昼夜城市活力流动状态的时刻变化，工作日比休息日活力高增长流动状态开始早一个时段，即2个小时左右，且在白天14点至18点之间多出两个活力高增长流动时段。工作日与休息日在夜间18点之后均无活力高增长流动，展现出休息日具有明显的昼夜城市活力流动变化在时间上的延后性特征。工作日夜间活力高消散流动集中在18点至24点之间的连续三个时段内，休息日活力高消散流动则出现在12点至14点以及20点至22点昼夜两个高峰时段。工作日与休息日活力动态平衡流动变化高度契合，早晚间指数相对较高，其他时段保持稳定，且休息日的占比普遍高于工作日，如图4-4-3所示。

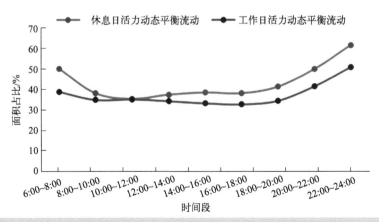

图4-4-3 工作日与休息日活力动态平衡流动面积占比时间变化趋势（图源：作者自绘）

4.4.2 昼夜城市活力流动状态空间分布特征

（1）工作日昼夜城市活力流动状态空间分布特征

工作日早6点至8点，如图4-4-4（a）所示，基本全域呈现活力增长流动，但也有零星散布的活力消散流动且其规模不大、活力消散的量值不高，多为一个基础单元独立存在，仅在东丽区滨海机场、津南区的国家会展中心、双桥河镇的居住区出现较为集聚的活力消散流动。活力高增长流动主要分布在市内六区，和平区全域呈现活力高增长流动，沿南门外大街、营口道、滨江道、小白楼的活力增长流动最为显著。其余五区邻近和平区的地区也有活力高增长流动，在新桃园宾馆附近、广开四马路、西北角、天津站、重要十字路口周边地区较为显著。外围四区少有较高程度的活力增长流动，在小学与医院聚集的刘园地铁站附近及北辰大厦附近、东丽空港商务园出现较为显著的活力增长流动。外围大面积较低程度活力增长流动有沿道路分布的趋势。工作日8点至10点，如图4-4-4（b）所示，全域活力增长流动的状态减弱，出现活力增长流动与消散流动高度混合现象，市内六区是高度活力增长流动与高度活力消散流动混合，环城四区是低度活力增长流动与低度活力消散流动混合。和平依然以活力增长流动为主，但强度减弱。意式风情区、海河文化广场、天津迎宾馆以及在6点至8点出现高度活力增长流动的地区出现了明显的活力消散流动。工作日10点至12点，如图4-4-4（c）所示，市内六区中活力消散流动进一步扩大，小白楼、

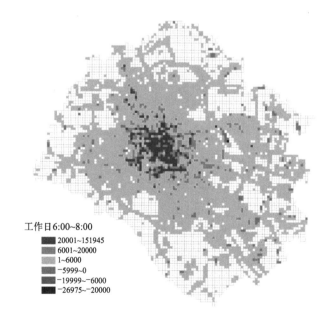

工作日6:00~8:00

- 20001~151945
- 6001~20000
- 1~6000
- -5999~0
- -19999~-6000
- -26975~-20000

(a) 工作日6:00~8:00时段活力流动状态空间分布

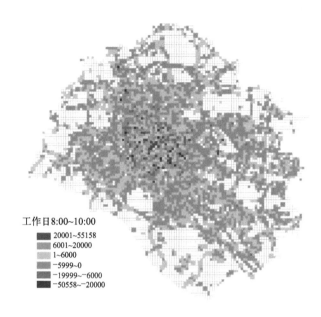

工作日8:00~10:00
- 20001~55158
- 6001~20000
- 1~6000
- -5999~0
- -19999~-6000
- -50558~-20000

(b) 工作日8:00~10:00时段活力流动状态空间分布

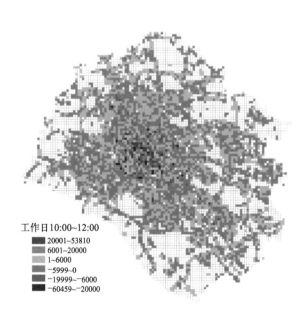

工作日10:00~12:00
- 20001~53810
- 6001~20000
- 1~6000
- -5999~0
- -19999~-6000
- -60459~-20000

(c) 工作日10:00~12:00时段活力流动状态空间分布

图4-4-4　工作日上午时段活力流动状态空间分布特征（图源：作者自绘）

滨江道、东南角、南营门至岳阳道、南开大悦城等附近仍保持高度活力增长流动。环城四区延续高度混合的低度活力增长流动与消散流动。

工作日12点至14点，如图4-4-5（a）所示，高强度活力消散流动减少，但在上午时段持续出现活力高增长的地区出现高程度活力消散流动，如南开大悦城、东南角等附近地区。南营门至滨江道周边居住区附近出现较为显著的活力消散流动。广开四马路附近居住区出现连接成片的较为显著的活力增长流动。外围四区仍表现为低程度的活力增长流动与消散流动高度混合的状态。工作日14点至16点，如图4-4-5（b）所示，和平区再次出现大范围高强度活力增长，其余五区高程度活力增长流动相较于12点至14点减少。在12点至14点为高活力流动的广开四马路附近居住区在14至16点出现高活力消散流动，相反在12点至14点出现高活力消散流动的南营门至滨江道周边居住区附近出现了高活力增长流动。因变化区域集中成片且变化程度较为显著而在两时段中表现较为明显。工作日16点至18点，如图4-4-5（c）所示，和平区出现大量高程度活力消散流动，如低程度活力增长流动的滨江道区域周边地区为高程度的活力消散流动。其余五区出现较多高程度活力增长流动，同时高程度活力增长流动在外围四区也开始较多分布。这是除早间6点至8点时段外，高活力增长流动散布最多且分散的时段。外围四区低程度活力增长流动的地区多于低程度活力消散流动的地区。

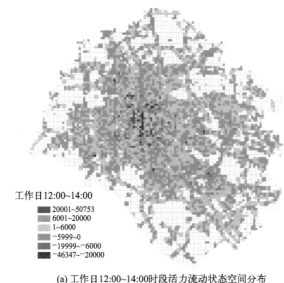

(a) 工作日12:00~14:00时段活力流动状态空间分布

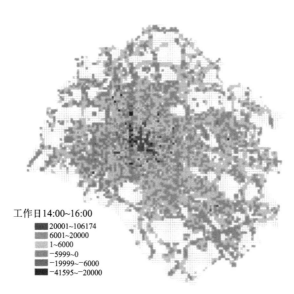

(b) 工作日14:00~16:00时段活力流动状态空间分布

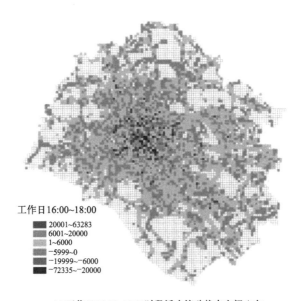

(c) 工作日16:00~18:00时段活力流动状态空间分布

图4-4-5　工作日下午时段活力流动状态空间分布特征（图源：作者自绘）

工作日18点至20点，如图4-4-6（a）所示，市内六区出现大量高程度活力消散流动，仅在南开中心小学、天津万象城、北京商会大厦附近出现较高程度活力增长流动。外围四区低程度活力消散流动增多，具有沿道路分布的趋势。工作日20点至22点，如图4-4-6（b）

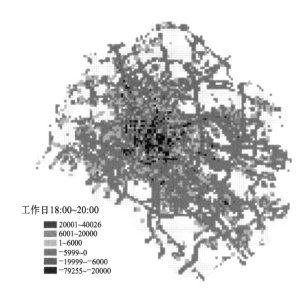

工作日18:00~20:00
- 20001~40026
- 6001~20000
- 1~6000
- −5999~0
- −19999~−6000
- −79255~−20000

(a) 工作日18:00~20:00时段活力流动状态空间分布

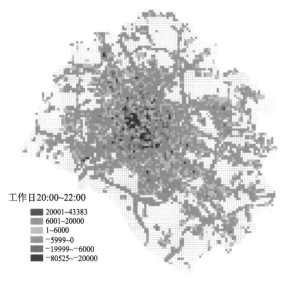

工作日20:00~22:00
- 20001~43383
- 6001~20000
- 1~6000
- −5999~0
- −19999~−6000
- −80525~−20000

(b) 工作日20:00~22:00时段活力流动状态空间分布

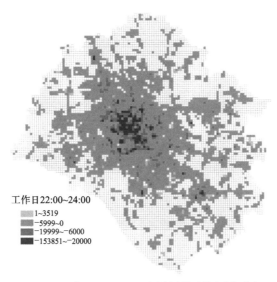

工作日22:00~24:00
- ▢ 1~3519
- ▢ -5999~0
- ▢ -19999~-6000
- ▢ -153851~-20000

(c) 工作日22:00~24:00时段活力流动状态空间分布

图4-4-6 工作日晚间时段昼夜城市活力流动状态空间分布特征（图源：作者自绘）

所示，市内六区高程度活力消散流动减少并向中心和平区集聚，在清华园及周边社区、王串场六号路周边社区、海河金钢公园等附近表现出较高程度活力增长流动。工作日22点至24点，如图4-4-6（c）所示，全域活力消散流动，在和平区及周边分布高程度活力消散流动。外围四区为低程度活力消散流动，周边零星散布低程度活力增长流动。活力流动动态平衡区扩大，达到一天中最大面积。

（2）休息日昼夜城市活力流动状态空间分布特征

休息日早6点至8点，如图4-4-7（a）所示，全域活力增长流动，市内六区零星散布较高程度的活力增长流动，主要在营口道、南门外大街至西康路、天津站、河北工业大学、中山门等地区附近连片分布，与工作日常处于高程度活力增长流动的地点大致相同。低程度活力消散流动数量较少，主要在环城四区的活力增长流动区域外部零星散布。休息日8点至10点，如图4-4-7（b）所示，全域延续活力增长流动，市内六区高活力增长流动大面积遍布。环城四区部分地点出现活力高增长流动，如东丽区中国民航大学、津南吾悦广场、北辰大厦、刘园等地点及附近大片地区。与工作日活力流动活跃的地点基本相同。低程度活力增长流动具有沿道路散布的趋势，低程度活力消散流动增多且有连接成板结状的趋势。休息日10点至12点，如图4-4-7（c）所示，整体呈现混合复杂的活力流动状态，市内六区的高程度、低程度的活力增长流动与消散流动高度混合，活力流动状态复杂，但整体仍是以活力增长流动为主要流动状态。经过上一时段大面积活力增长流动后，部分出现

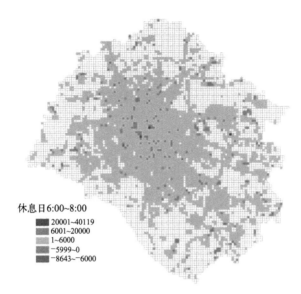

(a) 休息日6:00~8:00时段活力流动状态空间分布

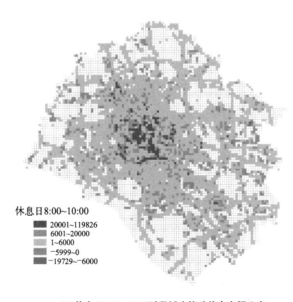

(b) 休息日8:00~10:00时段活力流动状态空间分布

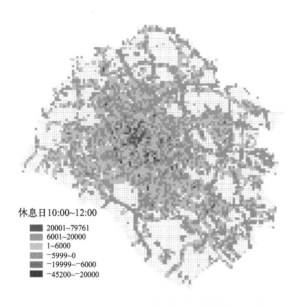

休息日10:00~12:00

■ 20001~79761
■ 6001~20000
　1~6000
　-5999~0
■ -19999~-6000
■ -45200~-20000

(c) 休息日10:00~12:00时段活力流动状态空间分布

图4-4-7　休息日上午时段昼夜城市活力流动状态空间分布特征（图源：作者自绘）

高程度活力消散流动，如天津站、南开医院与融汇广场附近等，仍有部分区域保持高程度活力增长流动，如滨江道、天津古文化街等。环城四区的活力消散流动增多，形成低程度消散流动与增长流动高度混合的状态，在部分地点还存在较高程度活力增长流动，如北辰顺境北路、西青梅江永旺、温州国际商贸城等，津南吾悦广场、东丽中国民航大学延续高活力增长流动。

　　休息日12点至14点，如图4-4-8（a）所示，全域展现出较为明显的活力消散流动占据主导的状态。市内六区高程度活力消散流动面积扩大，有小部分区域出现高活力增长流动，如滨江道、东南角东马路沿线等。环城四区低程度活力消散面积扩大，在上时段出现高活力增长流动的部分地区出现较高程度活力消散流动，如北辰大厦附近等。休息日14点至16点，如图4-4-8（b）所示，活力增长流动增多。在市内六区，高活力消散流动大幅减少，高活力增长流动增多。外围四区低活力增长流动增多。休息日16点至18点，如图4-4-8（c）所示，整体活力增长流动与消散流动较为平均，较高程度的活力增长流动数量较少，滨江道及其周边出现明显活力消散流动。

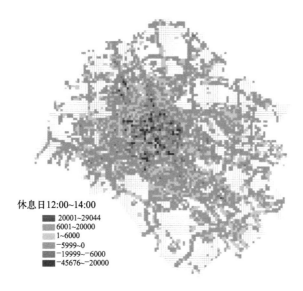

休息日12:00~14:00
- 20001~29044
- 6001~20000
- 1~6000
- −5999~0
- −19999~−6000
- −45676~−20000

(a) 休息日12:00~14:00时段活力流动状态空间分布

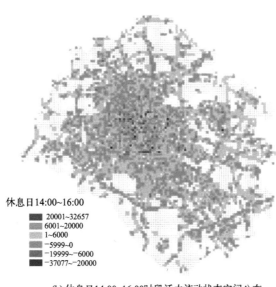

休息日14:00~16:00
- 20001~32657
- 6001~20000
- 1~6000
- −5999~0
- −19999~−6000
- −37077~−20000

(b) 休息日14:00~16:00时段活力流动状态空间分布

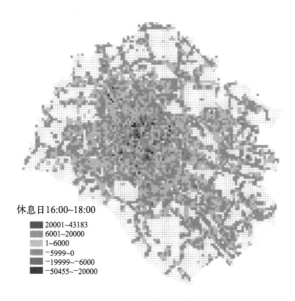

休息日16:00~18:00

■ 20001~43183
■ 6001~20000
  1~6000
  -5999~0
  -19999~-6000
■ -50455~-20000

(c) 休息日16:00~18:00时段活力流动状态空间分布

图4-4-8　休息日下午时段昼夜城市活力流动状态空间分布特征（图源：作者自绘）

　　休息日18点至20点，如图4-4-9（a）所示，活力消散流动数量显著增多，市内六区出现高程度、大范围的活力消散流动，活力消散速度明显快于环城四区。但也存在少量活力增长流动分布在王串场六号路与中山路附近社区等地。外围四区存在板结状低活力增长流动集聚区，活力流动较为显著地区出现高活力消散流动。低活力消散具有沿道路分布的趋势。休息日20点至22点，如图4-4-9（b）所示，全域基本呈现活力消散流动，中心六区内高活力消散流动增多，外围区域低活力增长流动显著减少，零星分布在低活力消散区域内部。活力动态平衡流动数量增加，使外围活力消散流动区域成为相对分离的较大板结状区域。在外围活力消散流动的板结区域内存在高程度的活力消散流动。休息日22点至24点，如图4-4-9（c）所示，全域延续活力消散流动，随着活力动态平衡流动区域数量的增加，活力消散流动面积进一步减少并向中心区聚拢，外围低活力消散流动的区域的板结状更为明显，但在外围仍零星散布低活力增长区域。中心区高活力消散流动减少且主要集中在和平区内及周边地区。

　　（3）工作日与休息日昼夜城市活力流动状态空间分布特征对比

　　在工作日与休息日6点至24点以每两小时一个时段进行统计，一天9个时段，共18个时段，将每个时段五类活力流动状态空间分布进行可视化表示汇总，如图4-4-10所示。a_1为工作日6点至8点，以此类推，a_9为工作日22点至24点，b_1为休息日6点至8点，则b_9为休息日22点至14点。高与中程度的活力增长流动与消散流动主要出现在市内六区，环城四区主要分布低程度的活力增长与消散流动。活力流动量值为零的活力动态平衡流动主要分布在环城四区主城区以外的边缘地区。

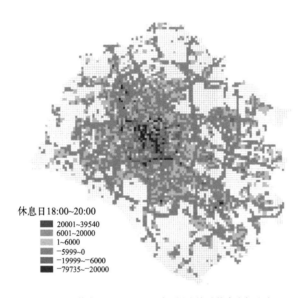

休息日18:00~20:00

20001~39540
6001~20000
1~6000
−5999~0
−19999~−6000
−79735~−20000

(a) 休息日18:00~20:00时段活力流动状态空间分布

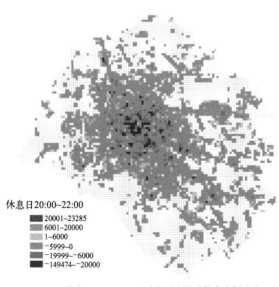

休息日20:00~22:00

20001~23285
6001~20000
1~6000
−5999~0
−19999~−6000
−149474~−20000

(b) 休息日20:00~22:00时段活力流动状态空间分布

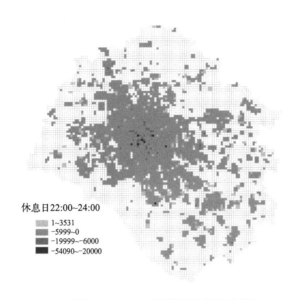

休息日22:00~24:00
- 1~3531
- -5999~0
- -19999~-6000
- -54090~-20000

(c) 休息日22:00~24:00时段活力流动状态空间分布

图 4-4-9　休息日晚间时段昼夜城市活力流动空间特征（图源：作者自绘）

活力流动随着时间的推移在空间上整体呈现出"活力增长流动—活力增长与活力消散流动高度混合交替—活力消散流动"的变化特征。活力流动变化主要分布在市内六区、外围组团和快速路、环路等城市主干道及道路两侧周边区域。休息日b_1~b_2与b_8~b_9展现出五类活力流动状态空间分布演变的对称性，b_1~b_2为全域活力增长流动、中心活力高增长流动、外围散布活力消散流动，b_8~b_9则反之。休息日b_4与b_7出现一天中大范围活力消散流动，且沿主干道消散流动明显。b_3与b_5~b_6全域活力增长流动与消散流动高度混合，稳定发展。工作日更多地呈现出全域活力增长流动与消散流动高度混合的空间分布，如a_2~a_6，活力增长流动高度集中在a_1时段，a_7~a_9以活力消散流动为主，a_7~a_8沿主干道消散流动明显，a_9则全域以活力高消散流动分布为主。

工作日全域活力高增长流动与核心区的活力高增长流动在a_1同时出现，休息日核心区的活力高增长流动（b_2）比全域的活力高增长流动（b_1）的出现晚一时段，且活力低增长流动沿道路分布的状态（b_2）也比工作日沿道路分布的状态（a_1）的出现晚一时段。工作日早间活力流动空间分布状态相较于休息日扩张得更迅速。工作日、休息日晚间活力消散流动同时出现（a_7与b_7），工作日活力低消散流动沿道路分布状态延续a_7与a_8两个时段，但休息日仅出现在b_7一个时段。休息日晚间活力流动空间分布状态相较于工作日更加紧缩。

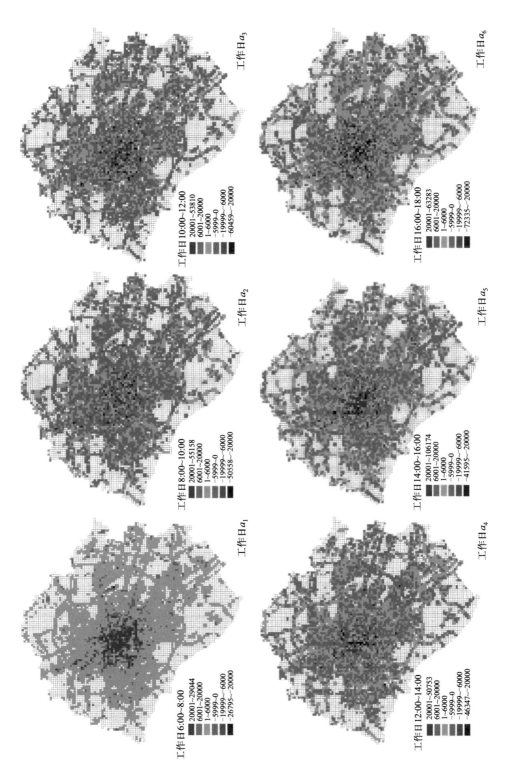

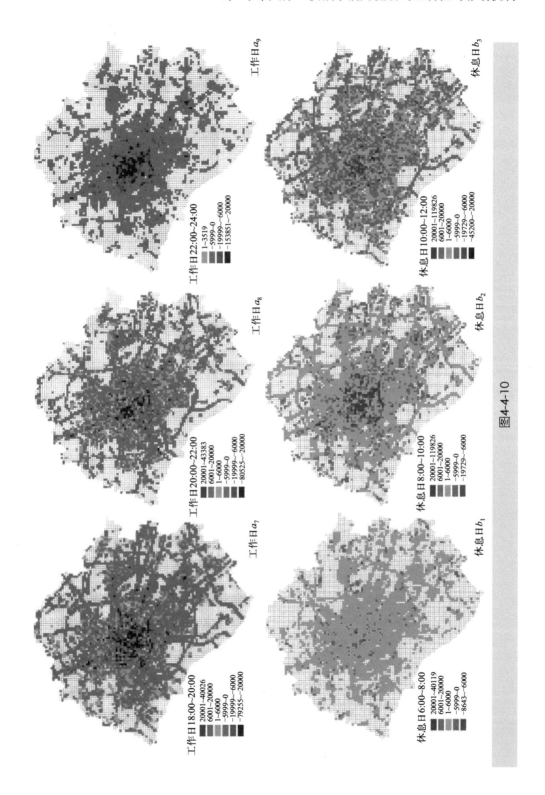

工作日 a_9

休息日 b_3

工作日22:00~24:00
1~3519
~5999~0
~19999~-6000
~153851~-20000

休息日10:00~12:00
20001~119826
6001~20000
1~6000
~5999~0
~19729~-6000
~4520~-20000

工作日 a_8

休息日 b_2

工作日20:00~22:00
20001~43383
6001~20000
1~6000
~5999~0
~19999~-6000
~80525~-20000

休息日8:00~10:00
20001~119826
6001~20000
1~6000
~5999~0
~19729~-6000

工作日 a_7

休息日 b_1

工作日18:00~20:00
20001~40026
6001~20000
1~6000
~5999~0
~19999~-6000
~79255~-20000

休息日6:00~8:00
20001~40119
6001~20000
1~6000
~5999~0
~8643~-6000

图4-4-10

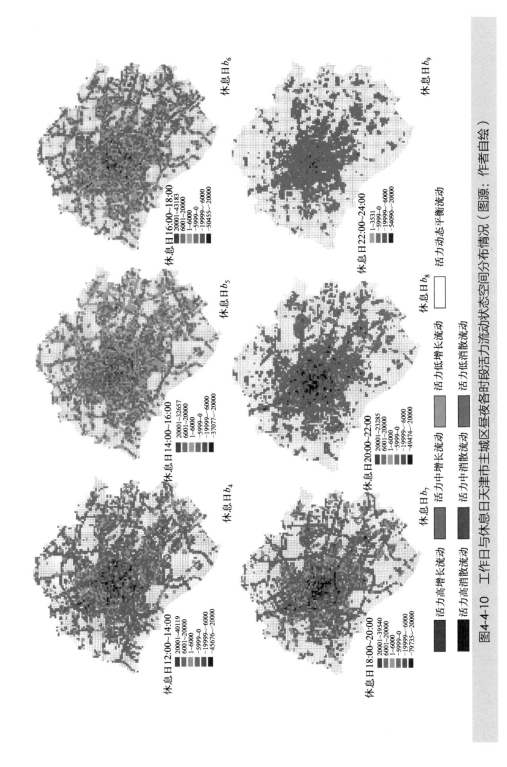

图4-4-10 工作日与休息日天津市主城区昼夜各时段活力流动状态空间分布情况（图源：作者自绘）

4.5

昼夜城市活力流动强度时空分布特征

利用工作日与休息日两日昼夜各时段活力值的标准差衡量其活力流动强度，并研究活力流动强度的空间分布特征。通过空间相关性模型研究昼夜城市活力流动强度的空间集聚特征，判断其集聚性，为后续昼夜城市活力流动影响机制研究奠定基础。

4.5.1 昼夜城市活力流动强度时间分布特征

将工作日、休息日活力标准差分为七级，各代表七种不同程度的活力流动状态，层级数越高则代表活力流动强度越高。因一天中各时段人群行为规律的不同，为更准确探究一天中人群活力流动的变化状态，进一步将一天分为上午时段（6点至12点）、下午时段（12点至18点）、晚间时段（18点至24点），共三个时段，分别根据各时段的活力标准差研究活力流动强度空间分布情况。

（1）工作日三时段城市活力流动强度空间分布特征

在工作日上午时段，如图4-5-1（a）所示，活力流动强度数值最高可达37万，是休息日昼夜最高活力流动强度的5~6倍，高活力流动遍布中心区。在环城四区的主城片区出现板块状第五、第六级活力流动集聚状态，并出现了最高程度的活力流动，如北辰区南至北辰大厦、北辰公园北至华辰学校，这片区域涵盖了居住区、学校、医院、政务机构等，例如东丽区的滨海国际机场区域，天津海鸥工业园附近，津南的天津大学北洋园校区、吾悦广场等，西青区的梅江永旺、天津中医药大学第一附属医院等区域。外围四区在上午时段出现高活力流动的区域与工作日整日的高活力流动区域基本相同。第二级与第三级活力流动状态具有显著沿道路流动的形态。可见，工作日上午时段活力流动强度不仅大，且高强度活力流动所占区域相对更大，活动内容更加复杂。

在工作日下午时段，如图4-5-1（b）所示，活力流动强度数值最高仅为4.5万多，约为上午时段最高值的1/8。活力流动不仅强度低且数量少，仅有的最高层级活力流动是在和平区天津大学与天津医科大学附近，是人群集聚地区。除第一级活力流动状态所占面积约为上午时段的3.6倍外，其余等级状态面积皆小于上午时段。通过对比，发现下午活力流动强度为零的区域有所减少，各等级活力流动状态沿道路分布状态不显著。可见，工作日下午的活力流动强度远小于上午，表现出整体活力流动不活跃的状态，但下午活力流动的区域大于上午。

在工作日晚间时段，如图4-5-1（c）所示，活力流动强度数值最高达6.8万，与休息日整日活力流动最高强度相近。中心区的高活力流动强度较下午有所上升，主要分布于滨江道及鞍山道向西段附近、南开大悦城至鼓楼及西北角大片区域、小白楼商业圈等，基本全为商业购物休闲娱乐区域。第五至第七级活力流动状态面积增加，在外围四区也少有分布。第二级低活力流动强度状态面积增加，具有沿道路分布的趋势。活力流动强度为零的

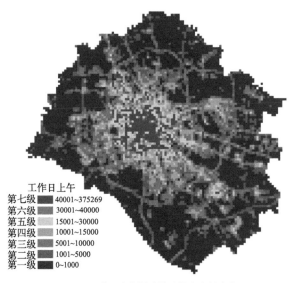

工作日上午	
第七级	40001~375269
第六级	30001~40000
第五级	15001~30000
第四级	10001~15000
第三级	5001~10000
第二级	1001~5000
第一级	0~1000

(a) 工作日上午活力流动强度空间分布

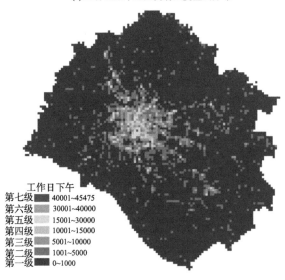

工作日下午	
第七级	40001~45475
第六级	30001~40000
第五级	15001~30000
第四级	10001~15000
第三级	5001~10000
第二级	1001~5000
第一级	0~1000

(b) 工作日下午活力流动强度空间分布

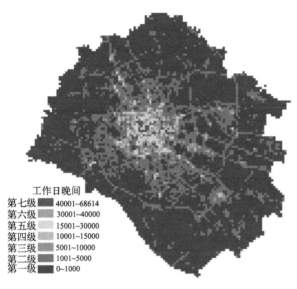

工作日晚间
第七级 ■ 40001~68614
第六级 ■ 30001~40000
第五级 ■ 15001~30000
第四级 ■ 10001~15000
第三级 ■ 5001~10000
第二级 ■ 1001~5000
第一级 ■ 0~1000

(c) 工作日晚间活力流动强度空间分布

图4-5-1　工作日三时段城市活力流动强度空间分布（图源：作者自绘）

区域一天中最多。可见，工作日晚间活力流动状态在主要购物休闲活力区有所提升，基础活力流动强度也有一定提升，但整体活力流动区域范围缩小。

（2）休息日三时段城市活力流动强度空间分布特征

在休息日上午时段，如图4-5-2（a）所示，活力流动强度数值最高达7.2万，与休息日整日活力流动状态最高强度相近。相较于工作日上午，休息日上午低等级活力流动多，高等级活力流动少，高等级活力流动主要分布地区与工作日、休息日整日情况基本相同，集中在大型商业区附近，范围缩小。第二级活力流动状态具有沿道路分布的特征，但远不如工作日上午显著。活力流动强度为零的区域大于工作日。可见，休息日上午不仅活力流动强度低，且活力流动范围相较工作日上午同样有所缩减，活动内容以娱乐休闲为主，较为单一。

在休息日下午时段，如图4-5-2（b）所示，活力流动强度数值最高约2.1万，约为工作日下午时段活力流动强度最高数值的一半。休息日下午时段活力流动强度分级仅到五级，缺少两级最高强度的活力流动状态，且大部分区域为第一级活力流动状态，但整体研究范围内活力流动强度为零的区域较上午有所减少。第二级活力流动状态较上午减少，在中心区内板结状集聚分布，在外围四区零散分布，无沿道路分布特征，且活力流动强度为零的区域少于上午时段。休息日下午活力流动强度是休息日一天中最低的。

在休息日晚间时段，如图4-5-2（c）所示，活力流动强度数值最高达7.5万，与休息日整日活力流动状态最高强度相近。第一级活力流动强度区域较下午减少，其余等级活力流动强度区域相应增加，同时活力流动强度为零的区域增加。第二级活力流动强度有沿道路分布的趋势，但与工作日晚间状态相比趋势较弱。高等级活力流动集中在中心区的商业休闲设施附近，但与工作日晚间相比周边活力流动强度减弱。可见，休息日晚间活力流动有所加强，但整体活力流动区域减少，休息日晚间的娱乐休闲活动较工作日反而少了。

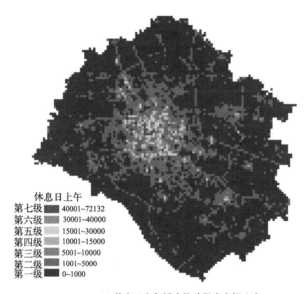

休息日上午
第七级 ███ 40001~72132
第六级 ███ 30001~40000
第五级 ███ 15001~30000
第四级 ███ 10001~15000
第三级 ███ 5001~10000
第二级 ███ 1001~5000
第一级 ███ 0~1000

(a) 休息日上午活力流动强度空间分布

休息日下午
第五级 ███ 15001~20727
第四级 ███ 10001~15000
第三级 ███ 5001~10000
第二级 ███ 1001~5000
第一级 ███ 0~1000

(b) 休息日下午活力流动强度空间分布

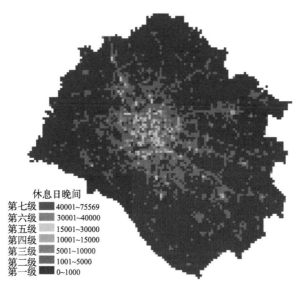

休息日晚间

第七级	40001~75569
第六级	30001~40000
第五级	15001~30000
第四级	10001~15000
第三级	5001~10000
第二级	1001~5000
第一级	0~1000

(c)休息日晚间活力流动强度空间分布

图4-5-2　休息日三时段城市活力流动强度空间分布（图源：作者自绘）

4.5.2　昼夜城市活力流动强度空间分布特征

　　根据量化的活力流动值，利用活力流动标准差模型，分别对工作日、休息日整日中8325个基础研究单元的活力流动情况进行测度，具体情况见图4-5-3（a）、图4-5-3（b）。活力标准差高则说明该研究单元内一天中的活力强度值变化幅度较大，即活力流动变化大，反之，活力标准差小则代表该单元人群流动变化不显著，活力流动变化小。

　　（1）工作日、休息日昼夜城市活力流动强度空间分布特征

　　工作日昼夜城市活力流动状态如图4-5-3（a）所示，活力流动强度最高达到6.2万，强度最高的区域在和平区的鞍山道、滨江道附近连成片，在中心区的其他地区如西北角、西南角、小白楼、天津市天津医院、天津肿瘤医院等地方散布。在高强度活力流动变化地区周边的地区活力流动变化也相对较高，再往外层的活力流动依次减弱。外围四区活力流动强度较低，但也零星散布一些较高活力流动的区域，如北辰区的尚河城购物中心及其沿街地区，东丽区的中国民航大学、中环南路附近的工业园区等，津南区的天津市胸科医院及环湖医院所在区域、月坛商厦与华润万象商圈等，西青区的天津南站及社会山周边地区、温州国际商贸城等。可见工作日活力流动强度较高的地区基本都为生活服务设施、商业设施、医院等服务设施所在地。

　　休息日整日活力流动状态如图4-5-3（b）所示，活力流动强度最高达到7.3万，高于工作日，高活力流动仍然集中在市内六区，虽然与工作日基本相同，但范围相对缩小，外围四区出现高活力流动的区域与工作日同样基本相同。但相较于工作日，休息日活力无波动区域更多，较高活力流动区域较少，较低活力流动区域同样较少。可见休息日活力流

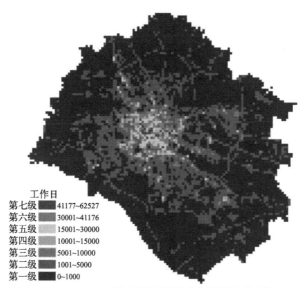

(a) 工作日昼夜城市活力流动强度空间分布

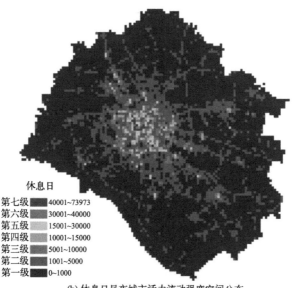

(b) 休息日昼夜城市活力流动强度空间分布

图4-5-3　工作日与休息日昼夜城市活力流动强度空间分布（图源：作者自绘）

动状态远不及工作日，不仅动态活力流动的区域较少，而且活力流动的强度也相对较弱。

活力流动强度的空间分布与研究区域空间结构相关，整体呈现圈层式放射状的形态，由内到外层级降低，活力流动强度下降，活力流动减弱。第二级活力流动状态具有明显的沿道路分布的趋势，第一级活力流动状态主要分布在主要道路周边地区，紧邻第二级活力流动状态分布，这两级状态主要分布在外围四区主城区部分及中心六区外围边缘地区。第三级活力流动状态主要分布在中心六区的外围部分，有沿道路分布的趋势。第四级活力流动状态数量较少，同样在市内六区分布。第五级活力流动状态分布更加靠近中心和平区，在和平区周边发散分布，且外围四区少有零散分布的高活力流动状态。第六、第七级活力流动状态主要分布在和平区内。

（2）昼夜城市活力流动强度空间相关性特征

使用全局Moran's I指数来检验根据活力标准差计算所得的城市空间活力流强度的空间自相关性。结果显示，工作日与休息日的Moran's I指数分别约为0.645和0.552，如图4-5-4（a）、图4-5-4（b）所示，表明在天津主城区内工作日和休息日的城市活力流动变化状态分布并非随机、分散的，而是呈现出显著的集聚性特征，且工作日集聚特征更加显著。

使用局部Moran's I指数检验昼夜城市活力流动强度的空间自相关关系发现，活力流动在空间上呈现显著集聚特征的同时表现出局部异常状态，分为"高-高""低-低""高-低""低-高"四种异常集聚区，如图4-5-5（a）、图4-5-5（b）所示。"高-高"聚类主要集中于市内六区内部，外部少有分布，且工作日集聚范围更大。可见活力流动活跃的区域

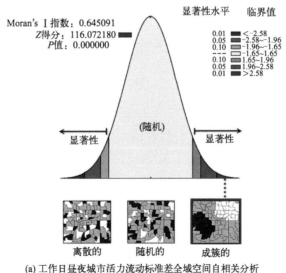

(a) 工作日昼夜城市活力流动标准差全域空间自相关分析

图4-5-4

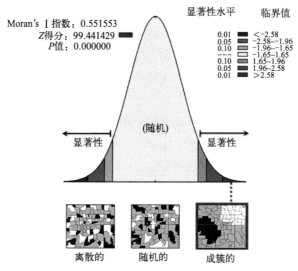

(b) 休息日昼夜城市活力流动标准差全域空间自相关分析

图4-5-4　工作日与休息日昼夜城市活力流动标准差全域空间自相关分析（图源：作者自绘）

相对集中，对外围城区的活力流动辐射带动作用较小。"低-低"聚类主要分布于城市外围四区活力流动动态平衡的区域，与"高-高"聚类的两极分化现象明显。其余两种混合集聚状态分布较少，其中"低-高"聚类主要围绕在中心区"高-高"聚类周边，多为中小学、居住区、独立的商业综合体、科技孵化园等，"高-低"聚类仅在休息日外围四区的个别村域范围出现。

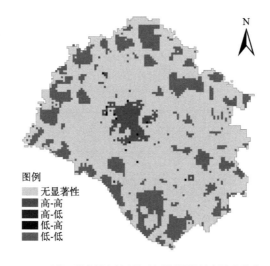

(a) 工作日昼夜城市活力流动标准差局部空间聚集状态

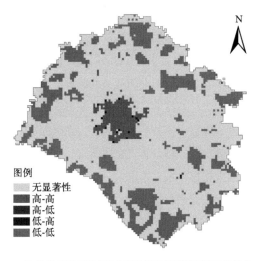

图例
无显著性
高-高
高-低
低-高
低-低

(b) 休息日昼夜城市活力流动标准差局部空间聚集状态

图4-5-5　工作日与休息日昼夜城市活力流动标准差局部空间聚集状态（图源：作者自绘）

　　经过Moran's Ⅰ指数分析，可判断城市空间活力流动强度是存在空间集聚现象的，并不存在随机独立情况。在之后的影响机制分析时，对被解释变量的影响因素分析可以考虑使用地理加权回归分析技术。

4.6

昼夜城市活力流动影响机制

　　通过参考现有研究中关于城市活力、城市空间活力的影响因素指标体系的构建，结合研究内容及研究对象，选取并建立适宜的影响因素体系。利用POI数据、OSM路网数据、人口密度数据等大数据对影响因素进行量化，并通过最小二乘法选取关联度高的影响因素，利用地理加权回归分析技术探究影响因素的作用机制。

4.6.1　昼夜城市活力流动影响因素指标体系构建

（1）影响因素选取
城市空间活力的影响机制研究是城市空间活力研究的重要组成部分，现有研究从多种

夜间城市活力提升研究——以天津市为例

角度来选取影响因素，有从自身影响与空间活力溢出影响角度的，有从功能到空间形态、从绿化环境到交通通达性角度的，影响因素的选取角度丰富多样。对已有的影响因素可分为研究对象的内部特征与外部特征，如表4-6-1所示。本研究在进行关于城市空间活力影响因素的选取时，充分参考借鉴相关城市空间活力的影响因素，考虑活力流动影响因素的差异性，并结合天津城市活力流动特征等，更加关注城市空间的基础活力与服务活力，从昼夜城市活力产生主体人群、人群必需的产业活动、为人群提供的服务活动及人群活动所依靠的交通四个方面考虑，确定以人群分布、交通通达、服务吸引、就业需求四个层面构建昼夜城市活力流动影响因素指标体系，选取人口密度、路网密度、城市功能混合度、商业设施密度等十个指标作为影响因素，见表4-6-2。

表4-6-1　相关论文的活力影响因素指标体系构建

一级指标	二级指标	一级指标	二级指标
内部特征	空间形态	外部特征	商业因素
	功能性质		社会经济
	绿化环境		交通可达性
	建筑规模		区位中心性

（表源：参考文献［113］）

表4-6-2　昼夜城市活力流动影响因素指标体系

四个层面	十个影响因素	四个层面	十个影响因素
人群分布	人口密度	服务吸引	商业设施密度
	居住区密度		文化设施密度
交通通达	路网密度		公共服务设施密度
	公共交通可达性		城市功能混合度
服务吸引	生活服务设施密度	就业需求	商务设施密度

（表源：作者自绘）

（2）影响因素量化

① 路网密度。选择路网密度是为了反映主要研究单元内及周边道路网络的连通性和可达性。以基础研究单元周边1000m缓冲范围内的路网密度为代表，其计算公式如下：

$$SD_i = \frac{L_i}{S_i} \qquad\qquad (4\text{-}6\text{-}1)$$

式中，SD_i 代表第 i 个基础研究单元的路网密度；L_i 代表研究单元内及其周边缓冲区范围内的道路长度；S_i 代表基础研究单元的面积，因采取500m×500m渔网单元划分研究区域，故 S_i=0.25km²。最后量化可视结果见图4-6-1（a）。

② 居住区密度。活力流动与人群活动息息相关，居住区是人群活动最主要的场所，承载居民日常生活的基础活动，居住区的分布对活力分布及流动有重要影响。有研究将居住中心核密度均值作为城市活力的影响因素。本研究同样选取居住区分布状态作为影响活力流动的因素，通过对居住区兴趣点做核密度分析，计算基础研究单元内核密度均值来表征居住区的空间分布状态，量化可视结果见图4-6-1（b）。

③ 公共交通可达性。城市主要包括公交和地铁两种公共交通方式，对两者设置不同的搜索半径和权重。以公交站点、地铁站点为数据基础，以500m为公交车站的搜索半径，以1000m为地铁站的搜索半径，分别进行核密度分析，并统计各基础研究单元在两种情况下的核密度均值，根据两种交通形式的辐射大小和对人群的影响程度，将公交可达性和地铁可达性的权重分别设置为0.5，公共交通可达性的计算公式如下：

$$TA_i = 0.5B_i + 0.5S_i \qquad\qquad (4\text{-}6\text{-}2)$$

式中，TA_i 表示第 i 个基础研究单元的公共交通可达性；B_i 为公交可达性，即为第 i 个基础研究单元内以公交站点为核密度分析对象的核密度均值；S_i 为地铁可达性，即为第 i 个基础研究单元内以地铁站点为核密度分析对象的核密度均值。量化可视结果见图4-6-1（c）。

④ 生活服务设施密度。生活服务设施兴趣点包括居住区周边的基础服务设施，包含快递物流、美容美发、中介机构、各类营业厅等，属于生活圈范围内的商业设施，与主要的超市、酒店等商业设施相比，服务半径大幅缩小，服务对象更局限，数量更多，内容更复杂。故本研究将生活服务设施单独列为一类对活力流动社区级的影响因素来分析。以500m为搜索半径，进行核密度分析，计算各研究单元的核密度均值，量化可视结果见图4-6-1（d）。

⑤ 商业设施密度。城市内商业设施主要包括餐饮、超市购物、酒店住宿、休闲娱乐等主要商业设施，根据各类设施大小确定其基本服务范围，设置不同的搜索半径及权重，进而以各类服务设施点为基础数据，独立大型的商业设施设置2500m搜索半径，中型商业设施设置1500m搜索半径，社区级的商业设施设置800m搜索半径，进行核密度分析并统计各基础研究单元的核密度均值，对各类商业设施分别设置权重。商业设施密度的计算公式如下：

$$B_i = 0.3M_i + 0.3R_i + 0.2H_i + 0.2L_i \qquad\qquad (4\text{-}6\text{-}3)$$

式中，B_i表示第i个基础研究单元的商业设施密度；M_i表示i单元内的超市购物设施核密度均值；R_i表示i单元内的餐饮设施核密度均值；H_i表示i单元内的酒店住宿设施核密度均值；L_i表示i单元内的休闲娱乐设施核密度均值。量化可视结果见图4-6-1（e）。

⑥ 文化设施密度。城市中的文化设施主要有风景名胜与科教文化两大类，经过POI筛选出主要的文化设施，文化类设施中的科教文化设施多依据城市人口设置不同数量的大型馆、中型馆与小型馆，其服务范围都较大，因此由小至大分别设置1000～3000m的服务半径，风景名胜多基于自然景观或人文景观设置，其服务范围更大，服务半径设置为4000m。依据搜索半径对文化设施点进行核密度分析并统计各基础研究单元的核密度均值，对各类商业设施分别设置权重，计算文化设施密度，公式如下：

$$C_i = 0.6SE_i + 0.4FS_i \qquad (4\text{-}6\text{-}4)$$

式中，C_i表示第i个基础研究单元的文化设施密度；SE_i表示i单元内的科教文化设施核密度均值；FS_i表示i单元内的风景名胜设施核密度均值。量化可视结果见图4-6-1（f）。

⑦ 公共服务设施密度。城市内公共服务设施主要有医院、学校、公园广场、政府机关、运动场等，根据各类服务设施的服务范围不同，设置不同的服务半径及权重。以各类服务设施点为基础数据设定服务半径（表4-6-3），分别进行核密度分析，并统计各基础研究单元的核密度均值，对各类公共服务设施与人群活动的密切程度进行评估，并依据现有研究对相关设施权重的设置，分别设置各类公共服务设施的权重（表4-6-3）。公共服务设施密度的计算公式如下：

$$CF_i = 0.3S_i + 0.3H_i + 0.2P_i + 0.1G_i + 0.1F_i \qquad (4\text{-}6\text{-}5)$$

式中，CF_i表示第i个基础研究单元的公共服务设施密度；S_i表示i单元内的学校设施核密度均值；H_i表示i单元内的医院设施核密度均值；P_i表示i单元内的公园广场设施核密度均值；G_i表示i单元内的政府机关设施核密度均值；F_i表示i单元内的运动场馆设施核密度均值。量化可视结果见图4-6-1（g）。

表4-6-3 公共服务设施服务半径

公共服务设施中类（权重）	设施小类	服务半径/m
学校（0.3）	幼儿园	300
	小学	500
	中学及职业院校	1000

续表

公共服务设施中类（权重）	设施小类	服务半径/m
医院（0.3）	社区医院	1000
	综合医院	3000
公园广场（0.2）	城市广场、公园、动植物园	1000
	其他公园广场	500
运动场馆（0.1）	综合体育场馆	2000
	其他运动场所	500
政府机构（0.1）	乡镇以下级政府及事业单位	500
	乡镇级政府及事业单位	2000
	区县级政府及事业单位	4000

（表源：作者自绘）

⑧ 商务设施密度。城市中的商务设施是城市主要的工作活动地点，是工作日白天人群活动的主要集聚地区，承担城市四大类活动之一，与活力流动变化有重要联系。因此，本研究将商务设施单独列为一项活力流动影响因素。依据兴趣点数据分为金融保险与公司企业两大类，结合天津市职住分离明显的活力流动变化，以2000m为搜索半径，进行核密度分析，计算研究单元内的商务设施密度，量化可视结果见图4-6-1（h）。

⑨ 人口密度。人口密度数据从World Pop网站获取，经ArcGIS平台处理后，直接提出数值对应到每个基础研究单元，见图4-6-1（i）。

⑩ 城市功能混合度。城市功能混合度的概念源于1961年简·雅各布斯提出的混合基本功能。城市功能划分最基本的问题就是研究单元的划分，一方面是因为功能混合度的测量取决于空间感知尺度的差异，另一方面是因为混合度测量的规划价值还取决于规划管理尺度的差异。在本研究中，城市用地500m × 500m的渔网均匀划分，人为割裂了规划空间感知尺度与规划管理尺度，将原本一个地块内的POI数据划分到多个渔网单元内。本研究在计算城市功能混合度时采用生成近邻表的形式缓解人为割裂研究环境的状态。采用POI数据的中类分类，利用信息熵进行功能混合度计算，见图4-6-1（j）。

（3）影响因素去冗余

将选取的10个影响因素作为活力流动的解释变量，利用最小二乘法构建线性回归模型，对影响因子主成分进行检验，根据结果汇总除去VIF > 7.5即存在多重共线性而冗余的影响因素，并选取$P < 0.01$即通过显著性检验的影响因素。

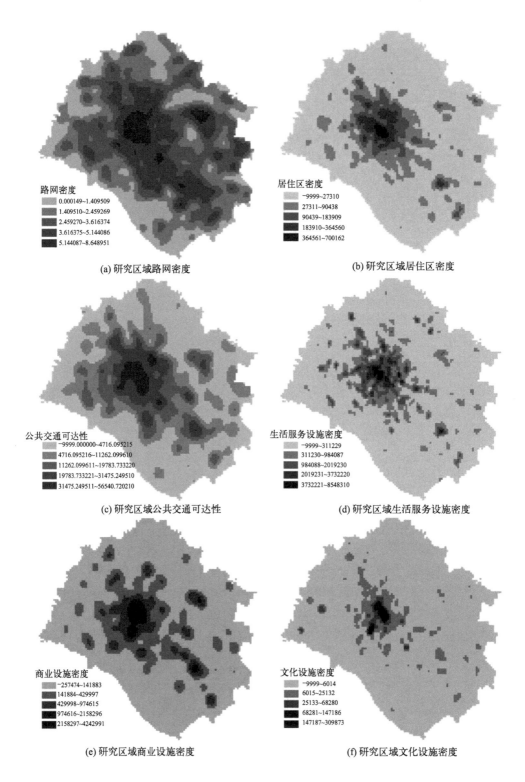

路网密度
0.000149~1.409509
1.409510~2.459269
2.459270~3.616374
3.616375~5.144086
5.144087~8.648951

(a) 研究区域路网密度

居住区密度
-9999~27310
27311~90438
90439~183909
183910~364560
364561~700162

(b) 研究区域居住区密度

公共交通可达性
-9999.000000~4716.095215
4716.095216~11262.099610
11262.099611~19783.733220
19783.733221~31475.249510
31475.249511~56540.720210

(c) 研究区域公共交通可达性

生活服务设施密度
-9999~311229
311230~984087
984088~2019230
2019231~3732220
3732221~8548310

(d) 研究区域生活服务设施密度

商业设施密度
-257474~141883
141884~429997
429998~974615
974616~2158296
2158297~4242991

(e) 研究区域商业设施密度

文化设施密度
-9999~6014
6015~25132
25133~68280
68281~147186
147187~309873

(f) 研究区域文化设施密度

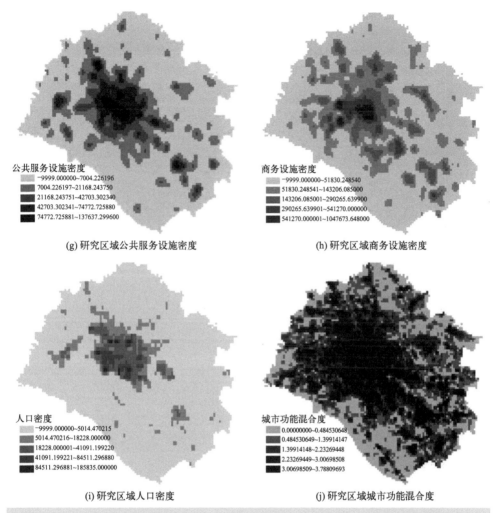

公共服务设施密度
-9999.000000~7004.226196
7004.226197~21168.243750
21168.243751~42703.302340
42703.302341~74772.725880
74772.725881~137637.299600

(g) 研究区域公共服务设施密度

商务设施密度
-9999.000000~51830.248540
51830.248541~143206.085000
143206.085001~290265.639900
290265.639901~541270.000000
541270.000001~1047673.648000

(h) 研究区域商务设施密度

人口密度
-9999.000000~5014.470215
5014.470216~18228.000000
18228.000001~41091.199220
41091.199221~84511.296880
84511.296881~185835.000000

(i) 研究区域人口密度

城市功能混合度
0.00000000~0.484530648
0.484530649~1.39914147
1.39914148~2.23269448
2.23269449~3.00698508
3.00698509~3.78809693

(j) 研究区域城市功能混合度

图4-6-1 影响因素量化可视化结果（图源：作者自绘）

结果显示，居住区密度、公共服务设施密度、公共交通可达性对活力流动变化的影响并不显著。工作日回归模型拟合优度R^2为0.629，休息日为0.573。工作日与休息日各有5个显著影响因素且互有不同，如表4-6-4、表4-6-5所示，生活服务设施密度、路网密度、城市功能混合度、商务设施密度、商业设施密度、人口密度在两日均显著，公共交通可达性在工作日显著，文化设施密度在休息日显著，这与工作日、休息日的活动需求相关。

表4-6-4 工作日昼夜城市活力流动影响因素普通最小二乘法（OLS）回归结果筛选

变量（工作日）	系数	标准差	P值	T值	VIF
生活服务设施密度	0.0038	0.0001	0.0000*	31.6720	5.1638
商务设施密度	0.0060	0.0004	0.0000*	12.7699	2.7177
商业设施密度	0.0021	0.0002	0.0000*	10.0411	4.9596
路网密度	125.0264	40.9084	0.0022*	3.0562	3.5503
公共交通可达性	0.0018	0.0014	0.0000*	11.0344	3.4403
城市功能混合度	−280.6942	35.79363	0.0000*	−7.8420	2.3180
人口密度	0.0150	0.0036	0.0000*	4.1270	2.0423

*表示系数具有统计学上的显著性。（表源：作者自绘）

表4-6-5 休息日昼夜城市活力流动影响因素普通最小二乘法（OLS）回归结果筛选

变量（休息日）	系数	标准差	P值	T值	VIF
生活服务设施密度	0.0050	0.0001	0.0000*	44.1585	5.1638
商务设施密度	−0.0016	0.0005	0.0002*	−3.6824	2.7177
商业设施密度	0.0024	0.0002	0.0000*	11.9628	4.9596
文化设施密度	−0.0195	0.0076	0.0000*	−6.6058	2.2428
路网密度	116.8071	0.0029	0.0007*	3.0349	3.5503
城市功能混合度	−185.439	33.6755	0.0024*	−5.0506	2.3180
人口密度	0.0123	0.0034	0.0003*	3.5826	2.0423

*表示系数具有统计学上的显著性。（表源：作者自绘）

4.6.2　昼夜城市活力流动影响因素作用机制

用GWR模型将筛选出的影响因素与昼夜城市活力流动强度构建回归模型，工作日与休息日的拟合优度R^2分别为0.666、0.607，拟合效果更优。因选取的研究单元所占面积较小，在GWR模型统计结果中，部分影响因素的影响系数并不显著，表明空间上该影响因素对活力流动影响差别不大，但休息日各影响因素对活力流动影响的差别普遍大于工作日，且相同影响因子在工作日与休息日的影响机制表现有所不同。

① 人口密度对昼夜城市活力流动整体呈积极影响，这种积极影响在工作日与休息日的差别不大，如图4-6-2所示。人口高度集中的区域同样是人群高密度活动的主要区域，且人口密度越大，昼夜城市活力流动变化越显著。在主城区的主要城市组团等人口分布较多的地方呈现大范围的积极影响区域，以西青区李七庄街道与大寺镇区域，津南区双港镇

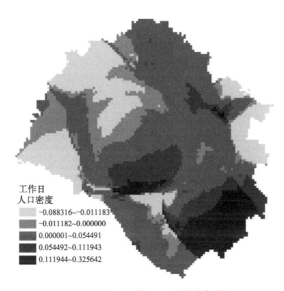

工作日
人口密度
- -0.088316~-0.011183
- -0.011182~-0.000000
- 0.000001~0.054491
- 0.054492~0.111943
- 0.111944~0.325642

(a) 工作日人口密度空间影响

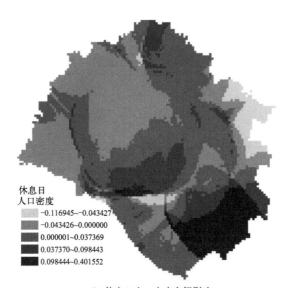

休息日
人口密度
- -0.116945~-0.043427
- -0.043426~-0.000000
- 0.000001~0.037369
- 0.037370~0.098443
- 0.098444~0.401552

(b) 休息日人口密度空间影响

图4-6-2　人口密度GWR模型回归系数空间分布（图源：作者自绘）

区域，东丽区以欢乐谷、东丽湖为中心的区域等的积极影响最为显著。但在人口分布较多的市内六区的红桥区及北辰区等主要城市组团区域却出现消极影响。而在人口密度不高的局部地区出现高程度积极影响现象，如津南区的小站镇、北闸口镇等地区。

②生活服务设施密度对昼夜城市活力流动整体呈积极影响，且由市内六区向外逐渐减弱，如图4-6-3所示。生活服务设施的健全程度代表该地区的人群集聚度，同时也说明

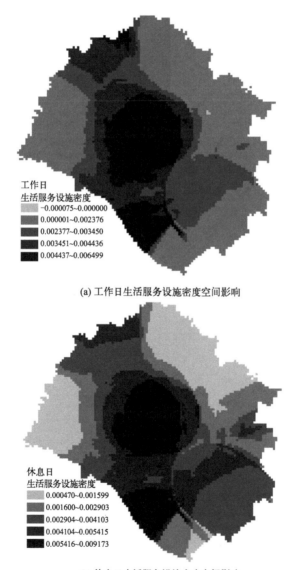

(a) 工作日生活服务设施密度空间影响

(b) 休息日生活服务设施密度空间影响

图4-6-3　生活服务设施密度GWR模型回归系数空间分布（图源：作者自绘）

其对人群的吸引程度，生活服务设施完善的地区会带动周边区域的活力流动。生活服务设施密度对工作日与休息日的市内六区、西青区李七庄街道和王稳庄镇、北辰区双街社区等区域的积极影响最为显著。工作日的工业园区如东丽区赤海道、嘉隆道附近呈现出消极影响。

　③ 商务设施密度对昼夜城市活力流动的影响在休息日与工作日显著不同，如图4-6-4所示。工作日以积极影响为主，市内六区积极影响程度最高，消极影响区域主要分布在市

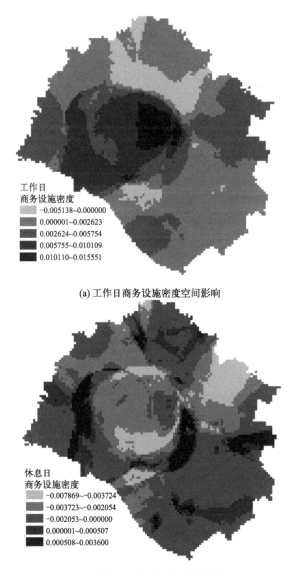

(a) 工作日商务设施密度空间影响

(b) 休息日商务设施密度空间影响

图4-6-4　商务设施密度GWR模型回归系数空间分布（图源：作者自绘）

内六区周边，北辰区的小淀镇、东丽区的金钟街道和西青区的大寺镇等区域。休息日则相反，市内六区整体呈现消极影响，外围同样大面积分布消极影响区域，高程度积极影响分布在西青区的中北镇、津南区的双港镇等地区。另外，在工作日与休息日商务设施密度对活力流动均为消极影响的区域主要分布在外围四区的李七庄公园、航空产业园、双港工业园、陆路港物流装备产业园和南淀公园等地区。

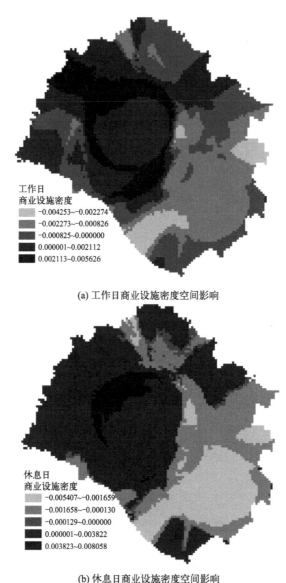

(a) 工作日商业设施密度空间影响

(b) 休息日商业设施密度空间影响

图4-6-5　商业设施密度GWR模型回归系数空间分布（图源：作者自绘）

④ 商业设施密度对市内六区及北辰区、西青区的主要城市片区呈现积极影响，对其他地区的消极影响呈两极分布情况，如图4-6-5所示。市内六区高度集中的商业设施与活力的高强度流动之间的积极关联影响休息日的南开区与红桥区，对工作日的南开区、河西区郁江道至泺水道以及西青区水西公园附近的影响更加显著。工作日外围区域的消极影响区域相较于休息日范围更大，主要分布在东丽区与津南区的大部分地区。

⑤ 城市功能混合度对昼夜城市活力流动的影响表现为：对市内六区的全部区域和北辰区、西青区的主要城市组团呈消极影响，对其余地区的积极影响呈两极分布现象，且消极影响由内向外逐渐减小，如图4-6-6所示。相较于工作日，其对休息日的消极影响程度更大，市内六区中的高程度消极影响范围更大。高程度的积极影响分布在东丽区的东丽湖、空港物流经济区、金桥街道、新立街道到津南区的辛庄镇这部分区域。城市功能混合度呈现消极影响的区域为城市功能混合度较高的地区，高程度的城市功能混合度会带来复杂多样的社会活动，增加该地区的功能，造成地区空间承载不了超负荷的活动，反而产生活力流动下降的消极影响。增加外围积极影响区域的城市功能混合度对提高城市活力流动有重要意义。

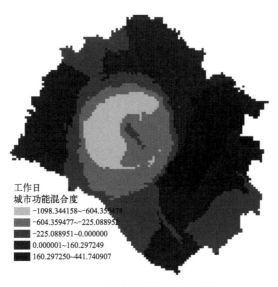

(a) 工作日城市功能混合度空间影响

图4-6-6

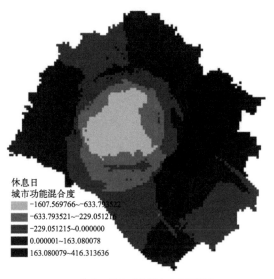

休息日
城市功能混合度
-1607.569766~-633.793522
-633.793521~-229.051215
-229.051215~0.000000
0.000001~163.080078
163.080079~416.313636

(b) 休息日城市功能混合度空间影响

图4-6-6　城市功能混合度GWR模型回归系数空间分布（图源：作者自绘）

⑥ 路网密度对工作日与休息日的昼夜城市活力流动整体表现为积极影响，在市内六区出现两极分化现象，如图4-6-7所示。工作日的河东区及邻近的东丽区部分地区表现为消极影响，影响区域较小，而紧邻和平区、南开区的地区表现为高程度的积极影响。相较于工作日，休息日消极影响的区域扩大，在工作日消极影响区域的基础上涵盖河北区、红

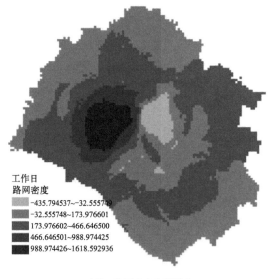

工作日
路网密度
-435.794537~-32.555749
-32.555748~173.976601
173.976602~466.646500
466.646501~988.974425
988.974426~1618.592936

(a) 工作日路网密度空间影响

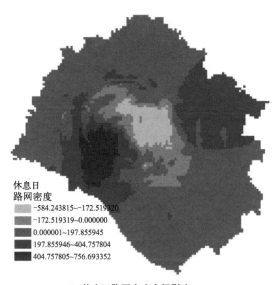

休息日
路网密度
-584.243815~-172.519320
-172.519319~-0.000000
0.000001~197.855945
197.855946~404.757804
404.757805~756.693352

(b) 休息日路网密度空间影响

图4-6-7 路网密度GWR模型回归系数空间分布（图源：作者自绘）

桥区等地区，积极影响区域向西移动，涵盖南开区及西青区的大部分地区。可见，针对不同市区实际情况，有序疏导与联通道路，有利于增强主城区的昼夜城市活力流动。

⑦ 文化设施密度对主城区的休息日昼夜城市活力流动主要呈现消极影响，如图4-6-8

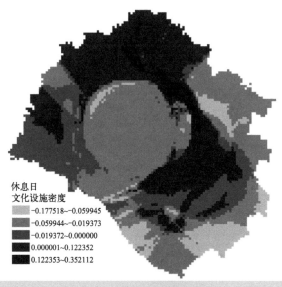

休息日
文化设施密度
-0.177518~-0.059945
-0.059944~-0.019373
-0.019372~-0.000000
0.000001~0.122352
0.122353~0.352112

图4-6-8 休息日文化设施密度GWR模型回归系数空间分布（图源：作者自绘）

所示。文化设施多分布在市内六区人群高频度活动的区域，但增加文化设施至超出饱和状态反而出现其数量越多而活力流动越减弱的态势。文化设施密度对昼夜城市活力流动的积极影响主要分布在北辰区大部分地区、津南区与东丽区的主要城市组团。在此地区增加文化设施对增强主城区昼夜城市活力流动具有积极作用。

4.7

小结

　　人群在空间的活动表征昼夜城市活力流动，随着人群活动的空间变化，活力在空间内流动，从而形成活力动态变化。通过研究昼夜城市活力流动的时空特征，从时间、空间二维角度揭示整体活力流动规律，并探究昼夜城市活力流动强度的影响机制。主要包括如下步骤：首先，通过对各时段各类活力流动状态面积占比变化及其空间分布状态变化进行分析，研究昼夜城市活力流动状态时空变化特征；其次，通过分析工作日、休息日活力重心移动特征并将二者进行对比，研究总结两种生活状态下活力流动趋势的特点与差异性；再次，通过研究活力流动强度空间分布特征及空间集聚特征，探究整日及三时段活力流动强度空间变化特征，并为后续活力流动影响因素探究奠定基础；然后，依据现有研究中影响因素的选取并结合研究对象、研究内容等实际情况，构建昼夜城市活力流动影响因素指标体系；最后，通过最小二乘法除去冗余因素，利用地理加权回归模型探究影响因素对昼夜城市活力流动强度的作用机制。

　　研究发现：

　　① 受人群活动规律影响，工作日、休息日活力流动状态时间变化有较大差异。工作日分为6点至8点、22点至24点活力高峰流动期，以及8点至18点、18点至22点一长一短两个活力流动平台期共四个时段的波动变化，具有相对稳定性。休息日则分为6点至10点活力流动高峰期，以及10点至14点、14点至24点的活力增长流动减少、消散流动增多的三个时段的波动变化期，具有相对活跃性。

　　② 工作日昼夜城市活力流动空间分布规律是早间的全域活力增长，上午与下午的中心高程度活力流动状态、外围低程度活力流动状态高度混合，晚间的中心高消散流动、周边低消散流动。休息日昼夜城市活力流动空间分布规律相较于工作日，早间中心的高程度活力增长流动出现在8：00～10：00时段，午间出现较显著的全域活力消散流动，晚间中

心的活力高消散流动提前。

③ 活力重心上午、晚间皆在东南处，其余时刻在西北处集聚分布，表现出城市明显的职住分离情况。相较于工作日，休息日活力重心分布更加分散，轨迹移动幅度更大。

④ 天津市主城区活力流动具有显著的空间集聚特征，且局部出现中心"高-高"集聚、周边散布"低-低"集聚的两极分布特征。

⑤ 活力流动强度的空间分布与研究区域的空间结构相关，整体呈现圈层式放射状的形态，由内到外层级降低，活力流动强度下降，活力流动减弱。工作日的活力流动强度普遍高于休息日。

⑥ 活力流动影响因素对工作日、休息日活力流动变化的空间影响各不相同，同一影响因素对两日的影响也有差别，各影响因素对市内六区与外围地区的两极影响作用明显。

⑦ 人口密度、生活服务设施密度对活力流动整体呈现积极影响；商业设施密度对市内六区及北辰区、西青区的主要城市片区呈现积极影响，对其他地区的消极影响呈两极分布情况；商务设施密度在工作日以积极影响为主，对市内六区及西青区主城片区的积极影响更显著，在休息日以消极影响为主，市内六区更加显著；路网密度整体表现为积极影响，在市内六区出现两极分化现象；城市功能混合度对主城区活力流动影响呈现市内六区消极影响与外围地区积极影响的两极分布状态；文化设施密度仅在休息日影响显著，呈现市内六区消极影响、外围部分地区积极影响。

第 5 章

天津昼夜城市活力流动模式时空特征研究

本章以基础研究单元的活力流动变化为主体，根据研究单元内一天中活力流动值的变化规律，将具有相同活力流动变化规律的研究单元聚类成典型的昼夜城市活力流动模式，并基于此探究昼夜城市活力流动模式的活力流动时间变化特征，以及在空间上与城市功能分区之间的关联关系。

5.1

数据来源

研究所使用的数据主要包括基础地理数据和网络开源数据，通过官方网站下载和网络爬虫爬取等方式获得，数据来源包括天津2020年行政边界数据、城市路网数据、百度热力数据、高德POI数据等，如表5-1-1所示。

表5-1-1 研究数据相关统计

数据名称	数据时间	数据格式	数据来源
行政边界数据	2020年	矢量	全国地理信息资源目录服务系统
百度热力数据	2020年	栅格	百度地图
城市路网数据	2020年	矢量	OpenStreetMap
高德POI数据	2020年	Excel	高德地图

（表源：作者自绘）

其中，百度热力数据是从百度地图爬取的2019年12月31日（工作日）至2020年1月1日（休息日）6~24点每两小时一张共18张热力图数据，数据分辨率为4m/像素，满足研究精度要求。城市路网数据通过OpenStreetMap开源地图平台下载，主要提取motorway（高速公路）、trunk（干道）、primary（主要道路）等次干道及以上道路的数据。高德POI数据来源于2020年高德地图，选取包括购物、科教文化、公司企业、交通设施等13种数据类型，经过清洗筛选及研究范围裁剪共获得数据104382条。

5.2

研究框架与研究方法

5.2.1 研究框架

通过Origin软件对工作日与休息日各基础研究单元的活力流动状态进行聚类，各自得到7类总共14类较为显著的活力流动模式，依据聚类结果简化显示各类模式的时间变化特征，总结各类活力流动模式在不同时段的活力流动状态及程度，然后与通过POI核密度和路网单元分析识别出的城市功能区进行叠加分析，研究各类昼夜城市活力流动模式与城市功能区的关系（图5-2-1）。

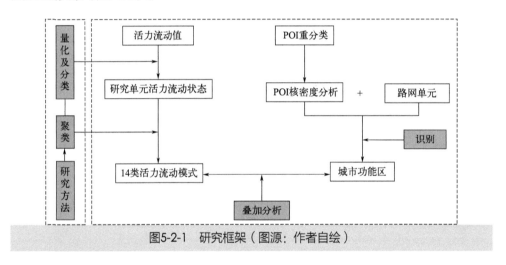

图5-2-1 研究框架（图源：作者自绘）

5.2.2 研究方法

5.2.2.1 昼夜城市活力流动模式分析方法

（1）昼夜城市活力流动等级重分类

在以时间为主体进行活力流动时空特征研究时，已依据各时段活力流动量值的范围、数量并参考自然间断点分级法的分级间隔点，将活力流动数值强度等级进行分类，将活力增长流动与活力消散流动分为高、中、低三级。其因着重研究整体空间分布情况而分级较为笼统，在进行以基础研究单元为主体的活力流动模式研究时，需要将活力流动强度划分为更加细致的等级。

利用十分位法将昼夜各时段活力流动值进行重新分类，具体如下：将研究区域内所有研究单元 i 在一天中各时段 j 的活力流动值 $n_{i,j}$ 组成一个巨大集合 $N=\{n_{i,j}\}$，其中除去一天中各研究时段均为活力动态平衡流动的研究单元的相关数据，将集合内部数据进行升序排列，再利用十分位数法将其分成数量相同的十组数据，并得到9个断点，每个间断点 $x_1\sim x_9$ 分别为数据的10%、20%、30%、…、90%处的活力流动值。利用这9个断点可以将集合 $N=\{n_{i,j}\}$ 分成10个子集 $N_1\sim N_{10}$。$n_{i,j}$ 不仅可以反映昼夜城市活力流动的增长、消散状态，还可以反映活力流动的强度，故在分类过程中对每个子集进行等级划分，l_r 表明该子集代表的活力流动强度，共计10个子集，则共有10个等级，即 l_1、l_2、l_3、…、l_{10}。由此可知集合 N 中的任意元素都属于这10级中的任意一级。

昼夜城市活力流动状态不断变化，利用活力差值测度活力流动状态，会因为活力差值跨度较大而影响研究，例如城市中心区活力集中，高峰期与低谷期紧邻会形成巨大的活力差值，但在城市郊区边缘地区，其本身活力较低，活力流动就更不显著，因此便会造成巨大的活力流动值跨度。本章采用十分位法将活力流动值重分类为10个子集，每个子集对应一个等级标签，重新划定各流动值所属活力流动的状态等级，这样每个研究单元在每个研究时段都对应其自身的等级，即 $l_{i,j}$，所有 $l_{i,j}$ 共同组成一个集合 $L=\{l_{i,j}\}$（i 代表研究单元，j 代表研究时段），如表5-2-1所示。

表5-2-1　昼夜城市活力流动增长消散等级划分

子集	分类	等级	子集	分类	等级
N_1	$n_{i,j} < x_1$	l_1	N_6	$x_5 \leqslant n_{i,j} < x_6$	l_6
N_2	$x_1 \leqslant n_{i,j} < x_2$	l_2	N_7	$x_6 \leqslant n_{i,j} < x_7$	l_7
N_3	$x_2 \leqslant n_{i,j} < x_3$	l_3	N_8	$x_7 \leqslant n_{i,j} < x_8$	l_8
N_4	$x_3 \leqslant n_{i,j} < x_4$	l_4	N_9	$x_8 \leqslant n_{i,j} < x_9$	l_9
N_5	$x_4 \leqslant n_{i,j} < x_5$	l_5	N_{10}	$n_{i,j} \geqslant x_9$	l_{10}

（表源：作者自绘）

（2）昼夜城市活力流动模式聚类分析

在活力流动的过程中，会出现人群集聚、人群消散两种活动状态。人群集聚表示大量的人从其他地方聚集于某一地点，人群消散则表明在一段时间内有大量的人从该地点迁往城市的其他地方。这两种活动在该地区表现为活力值的变动，即活力的流动变化。研究把

夜间城市活力提升研究——以天津市为例

一天分为多个时段，各时段内活力流动状态不同，且活动状态的程度不同。基于此，依据研究区域内基础研究单元的昼夜城市活力流动状态及程度进行聚类分析，将一天中活力流动状态相似的基本单元归为一类。

层次聚类分析是无监督学习的一种，即将对象数据按照其间的相似性分为几个簇群的过程。其分类过程是先将每个要素对象作为一个簇，通过计算簇之间的距离，将距离最小的两类合并成一个新类，并计算新类与剩余所有类之间的距离，将最近的类合并，直到所有类最后合并成一类。本研究利用层次聚类分析将一天中具有相同活力流动变化状态的渔网单元聚合为一个模式类，并依据各模式的时间变化特征进行命名。

昼夜城市活力流动模式是指活力流动过程中形成的具有典型时间与空间特征的增长或消散的现象。无论是从空间角度分析任意时段所有研究单元活力流动的空间变化，还是从时间角度分析独立研究单元活力流动的时间变化，都是对所有研究单元所有时间段内活力流动变化的各类研究。对于一个研究单元 i，其不同时段的活力流动值对应不同的等级 $l_{i,j}$，根据时间顺序将该研究单元的所有活力流动强度等级记为 $R_i = \begin{bmatrix} l_{i,1}, & l_{i,2}, & l_{i,3}, \cdots, & l_{i,T} \end{bmatrix}$，则所有研究单元在不同时段的活力流动等级构成了聚类，研究的排列矩阵如下：

$$U = \begin{bmatrix} l_{1,1} & l_{1,2} & l_{1,3} & \cdots & l_{1,T} \\ l_{2,1} & l_{2,2} & l_{2,3} & \cdots & l_{2,T} \\ \vdots & \vdots & \vdots & & \vdots \\ l_{S,1} & l_{S,2} & l_{S,3} & \cdots & l_{S,T} \end{bmatrix}$$

式中，T 为时间段数目；S 为研究单元个数。基于该矩阵可以研究某时段不同研究单元的活力流动的差异，还可以研究某研究单元活力流动值随时间的变化。第一个研究方向在第4章中已有研究，针对第二个研究方向，该矩阵有助于归纳、分析研究区域中哪些研究单元具有相似的活力流动时间变化序列，即用聚类分析的方法识别具有相似活力流动等级变化的研究单元。

本章利用Origin工具平台中的Heat Map with Dendrogram分析工具对以上矩阵进行聚类分析。聚类中的一个重要问题是衡量对象之间的相似性，所提供的度量距离的方法有：Euclidean距离、平方Euclidean距离、曼哈顿距离、余弦距离、Pearson相关性、Jaccard距离，本研究采用Euclidean距离来衡量矩阵中行向量的相似度，具体公式如下：

$$W_{i,s} = \sqrt{\sum_{j=1}^{T} \left(l_{i,j} - l_{s,j} \right)^2} \tag{5-2-1}$$

式中，$W_{i,s}$ 表示矩阵中行向量 R_i 之间的相似性；j 代表研究时段；T 为时间段数目。利用Origin以行向量 R_i 为对象对矩阵进行聚类，所有具有相似活力流动强度标签变化特征的研究单元被聚成一类，而城市中所有的研究单元被分为不同类，每一类都具有其独有的特征。

5.2.2.2 昼夜城市活力流动模式与城市功能分区关联分析方法

（1）城市功能分区识别方法

① 服务城市功能分区的POI重分类。因各类兴趣点数量差距较大、分布不均匀，且一个具有主要功能的小区域内会出现其他类型兴趣点数量远大于主要功能兴趣点数量的情况，故需要对数据进行清洗。清洗后的数据参考《国土空间调查、规划、用途管制用地用海分类指南》进行重分类，并结合天津实际情况，将POI数据分为居住功能、商业功能、科教文化功能、公共服务功能、产业功能、绿地广场、交通设施功能七大类，如表5-2-2所示。

表5-2-2 高德POI数据服务城市功能分区的重分类结果

一级分类	二级分类	三级分类
居住功能	住宅小区、商务住宅	别墅、社区中心、住宅区等
商业功能	购物服务、餐饮服务、住宿服务、休息娱乐、金融	商务写字楼、高尔夫相关、度假庄园、电影院、中餐厅、银行、证券公司
科教文化功能	高等院校、职业院校、中学、小学、科教场所、文化设施等	小学、中学、大学、文化宫等
公共服务功能	政府及社会团体、体育休闲服务、医疗保健服务、社会福利	政府机构、运动场馆、养老院等
产业功能	公司、工厂、农田	工业园区、公司、工厂、农田、空地等
绿地广场	旅游景点、公园广场	风景名胜、公园、广场、动物园、植物园等
交通设施功能	地铁站、公交车站、火车站、公路	—

（表源：作者自绘）

② 核密度估算法。利用核密度分析工具对重分类划分的各类点状矢量数据进行核密度估算。核密度分析以一个滤波窗口定义邻近对象，且距离越近的对象权重越大，兼顾了空间位置差异性及物体中心强度随距离衰减的双重特性。该方法在分析和显示点数据时具有较大作用，可以探索设施点对邻近区域的影响辐射，计算公式如下：

$$f(x) = \sum_{i=1}^{n} \frac{1}{nh^2} k\left(\frac{x-x_i}{h}\right) \tag{5-2-2}$$

式中，$f(x)$为位于x位置的估算核密度和；h为带宽，带宽的选取见表5-2-3；n为阈值范围内的POI的点数；k为核函数；x_i为第i个POI点的位置。以各影响因素的核密度估算结果表征其对研究区域的影响程度。

③ 城市功能区识别算法。根据各类POI的权重计算土地利用单元内的POI的频率密度，以此作为功能区划分的依据，计算公式如下：

$$F_i = \frac{W_i d_i}{\sum_{j=1}^{6} W_i d_i} \tag{5-2-3}$$

式中，F_i、W_i、d_i分别为第i类POI在单元内的频率密度、权重、核密度和。权重的设定见表5-2-4。通过比较功能区单元内POI的频率密度，确定各街区单元的主要功能。以频率密度最高的POI类别，认定区域的功能，并标记功能混合区域，依据卫星地图与《天津市城市总体规划（2005年—2020年）》进行纠正。

表5-2-3　各类兴趣点带宽选择

兴趣点类别	缓冲区半径	兴趣点类别	缓冲区半径
居住	250m	绿地广场	250m
产业	200m	交通设施	400m
商业	200m	科教文化	250m
公共服务	200m		

（表源：作者自绘）

表5-2-4　各类POI权重设定

兴趣点类别	权重	兴趣点类别	权重
居住	50	绿地广场	80
产业	50	交通设施	80
商业	60	科教文化	60
公共服务	60		

（表源：作者自绘）

（2）昼夜城市活力流动模式与城市功能分区叠加分析

基于ArcGIS平台，将所属各类昼夜城市活力流动模式的基础研究单元与城市功能区进行叠加分析，将各类昼夜城市活力流动模式与城市功能分区相关联，导出属性表，在

Excel中统计其关联程度。叠加分析是将参与叠加要素的属性融合在一起，本研究采用要素叠加工具将活力流动模式类型属性与城市功能分区类别属性融合在一起。

5.3

昼夜城市活力流动模式聚类分析与时间分布特征

通过研究昼夜城市活力流动时间分布特征发现，大量时段存在活力增长流动与消散流动高度混合的状态，因研究的基础单元多达8325个，难以细致观察每个基础研究单元活力流动时间变化的具体情况，故依据基础研究单元昼夜城市活力流动特征，将具有相同流动特征的研究单元聚集为一类活力流动模式，并分析各模式的活力流动时间变化特征。

5.3.1 昼夜城市活力流动模式聚类分析

将工作日、休息日中整日全时段活力流动为0的基础研究单元剔除，分别将两日全部研究单元全部时段的活力流动值进行升序排序，然后利用十分位数法对两日的数据分别进行分割。得到工作日分割断点处的活力流动值为N=［−1798，−769，−308，−57，0，4，226，661，1780］，休息日分割断点处的活力流动值为N=［−1478，−630，−227，−11，0，176，584，1540］，两日活力流动状态等级划分见表5-3-1、表5-3-2。

表5-3-1　工作日活力流动值的增长消散等级划分					
分类	等级	状态	分类	等级	状态
$n_{i,j}<-1798$	−4	消散	$0\leqslant n_{i,j}<4$	0	平衡
$-1798\leqslant n_{i,j}<-769$	−3	消散	$4\leqslant n_{i,j}<226$	1	增长
$-769\leqslant n_{i,j}<-308$	−2	消散	$226\leqslant n_{i,j}<661$	2	增长
$-308\leqslant n_{i,j}<-57$	−1	消散	$661\leqslant n_{i,j}<1780$	3	增长
$-57\leqslant n_{i,j}<0$	0	平衡	$n_{i,j}\geqslant1780$	4	增长

（表源：作者自绘）

表5-3-2 休息日活力流动值的增长消散等级划分

分类	等级	状态	分类	等级	状态
$n_{i,j} < -1478$	-4	消散	$n_{i,j} = 0$	0	平衡
$-1478 \leqslant n_{i,j} < -630$	-3	消散	$0 < n_{i,j} < 176$	1	增长
$-630 \leqslant n_{i,j} < -227$	-2	消散	$176 \leqslant n_{i,j} < 584$	2	增长
$-227 \leqslant n_{i,j} < -11$	-1	消散	$584 \leqslant n_{i,j} < 1540$	3	增长
$-11 \leqslant n_{i,j} < 0$	0	平衡	$n_{i,j} \geqslant 1540$	4	增长

（表源：作者自绘）

根据活力流动等级划分，分别构建描述工作日与休息日的活力流动强度的矩阵，矩阵中的每一行表示研究单元在研究时段6点至24点中活力流动等级随时间的变化序列，如表5-3-3、表5-3-4所示。

表5-3-3 工作日活力流动增长消散等级时间序列

FID	6:00~8:00	8:00~10:00	10:00~12:00	12:00~14:00	14:00~16:00	16:00~18:00	18:00~20:00	20:00~22:00	22:00~24:00
6	0	0	0	0	2	-2	0	0	0
9	1	-1	0	0	0	1	-1	3	-3
…	…	…	…	…	…	…	…	…	…
8323	0	2	-1	0	0	2	-2	0	0

（表源：作者自绘）

表5-3-4 休息日活力流动增长消散等级时间序列

FID	6:00~8:00	8:00~10:00	10:00~12:00	12:00~14:00	14:00~16:00	16:00~18:00	18:00~20:00	20:00~22:00	22:00~24:00
6	1	2	2	-2	-1	0	0	0	0
9	1	1	-1	1	0	-1	0	0	0
…	…	…	…	…	…	…	…	…	…
8323	0	2	-2	0	0	1	0	-2	0

（表源：作者自绘）

5.3.2 昼夜城市活力流动模式时间分布特征

利用Origin工具平台中的Heat Map with Dendrogram分析工具对工作日与休息日的矩阵进行分析，分别得到7类共14类较为显著的活力流动模式，依据聚类结果简化显示各类模式的时间变化特征，可以发现各类活力流动模式在不同时段的活力流动状态及程度具有显著不同，以下对各类活力流动模式的活力流动时间变化特征进行分析。

（1）工作日昼夜城市活力流动模式时间分布特征

工作日分为研究单元众多的主要模式W5，数量基本相同的模式W1与W2、W6与W7，以及数量较少的模式W3与W4，聚类情况如图5-3-1、图5-3-2所示。各模式活力流动时间变化特征如下：

① 工作日W1模式在T6—T8、T8—T10与T14—T16三个时段出现一天中显著的活力增长流动，在出现活力增长流动后即出现显著的活力消散流动。其余时段基本以活力消散流动占主导，掺杂小部分活力增长流动。

② 工作日W2模式在T6—T8时段出现一天中最高程度的活力增长流动，是七个模式中在该时段活力增长流动最活跃的模式。经历下一时段的活力消散流动后，在T10—T12、T12—T14及T14—T16时段都出现较大范围的活力增长流动，之后时段均以活力消散流动为主导。

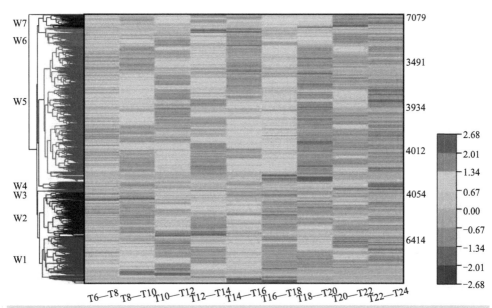

图5-3-1　工作日昼夜城市活力流动模式Origin热图聚类（图源：作者自绘）

注：T6—T8代表当日6点至8点，余同

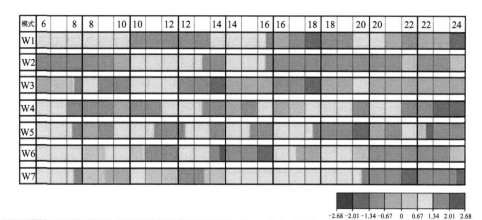

图5-3-2　工作日昼夜城市活力流动模式聚类（图源：作者自绘）

③ 工作日W3模式的研究单元数量最少，与其余6个模式都在第一时段T6—T8出现活力高增长流动不同，其在T8—T10时段才出现活力高增长流动。在T10—T12时段活力增长流动状态延续但程度降低，下午及晚间时段出现连续活力消散流动。

④ 工作日W4模式在早间T6—T8活力高增长流动、T8—T10活力消散流动，上午与下午时段活力增长流动与消散流动较为混合，在T16—T18活力增长流动占据主导，之后在T20—T22出现大范围活力增长流动及活力高增长流动。

⑤ 工作日W5模式是研究单元数量最多的模式，其在早间T6—T8及晚间T16—T18两个主要通勤时段出现显著的活力高增长流动。晚间T18—T20出现了明显的大范围活力消散流动，此后时段仍以活力消散流动占据主导，但程度较低。

⑥ 工作日W6模式出现三时段显著的活力增长流动，即早间T6—T8、午间T12—T14及晚间T18—T20，其中以午间T12—T14活力增长流动程度最高、范围最广。早间出现活力增长流动后并未出现显著活力消散流动，在午间及晚间时段后出现。

⑦ 工作日W7模式是出现大范围活力增长流动的时段最多的模式，分别在早间T6—T8、午间T10—T12及晚间T16—T18、T18—T20四个时段出现显著活力增长流动，以T6—T8及T18—T20时段程度最高。其余时段为活力消散流动，最后两个时段的活力消散流动程度最高。

（2）休息日昼夜城市活力流动模式时间分布特征

休息日以研究单元数量基本相同的模式R1与R2为主导，聚类情况如图5-3-3、图5-3-4所示。各模式活力流动时间变化特征如下：

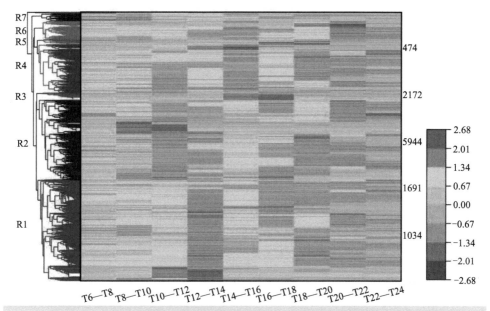

图5-3-3 休息日昼夜城市活力流动模式Origin热图聚类（图源：作者自绘）

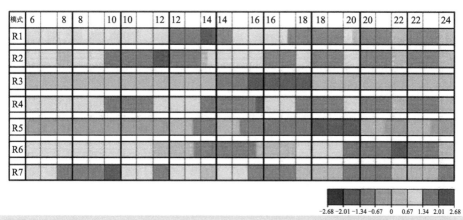

图5-3-4 休息日昼夜城市活力流动模式聚类（图源：作者自绘）

① 休息日R1模式在早间至午间的T6—T8、T8—T10及T10—T12三个时段均为显著的活力增长流动，之后在T12—T14出现一天中最显著的活力消散流动。T14—T16时段活力增长流动重新占据主导，后面时段活力增长流动逐渐数量变少、强度变弱，活力消散流动占据主导。

② 休息日R2模式与工作日W1模式的活力流动变化时间特征基本相同。

③ 休息日R3模式在早间T6—T8时段并未出现显著活力增长流动，直到T12—T14时段，模式内的研究单元一直以活力低增长流动为主。在T14—T16出现显著的活力高增长流动，后一时段便出现显著活力高消散流动。此后时段以活力低增长流动为主。

④ 休息日R4模式在早间T6—T8、T8—T10时段，午间T12—T14时段及晚间T16—T18时段出现显著活力增长流动，其余时段均为活力消散流动占据主导。

⑤ 休息日R5模式与休息日R3模式活力流动状态时间变化规律较为相似，二者的研究单元数量相近，与其他模式相比数量最少。但相较于R3模式，R5模式活力增长流动高峰出现时段在R3模式之后。

⑥ 休息日R6模式在早间与午间的T6—T8、T8—T10及T10—T12时段出现较为显著的连续活力增长流动状态，程度并不高，在晚间T18—T20出现较高程度且覆盖更广的活力增长流动，之后出现显著的活力消散流动。

⑦ 休息日R7模式在早间T6—T8时段即出现显著的活力增长流动，后一时段便出现显著活力消散流动。之后时段活力增长与消散流动状态高度混合。

（3）工作日与休息日活力流动模式时间分布规律对比

① 工作日与休息日各模式显著的活力增长流动时段遍布早间T6—T8至晚间T18—T20之间的每个时段，每个模式会出现多个显著的活力增长流动时段。根据前面研究发现的工作日活力增长流动高峰出现在T6—T8时段、休息日出现在T6—T8与T8—T10两个时段的一般规律，在模式聚类中工作日与休息日均聚类出与一般规律不同的活力流动模式，如工作日W3模式、休息日R3模式。

② 所有模式的显著活力消散流动并不在最后的T22—T24时段出现，多紧随最高程度的活力增长流动后出现。且除显著活力消散流动外，工作日中高活力消散流动多在一天中较后时段出现，但在休息日并未出现该现象，反而相较于前一时段具有更多的活力低增长流动。

③ 有的聚类模式的研究单元数量较多，会出现同一时段内活力增长流动与消散流动同时存在的现象，如工作日W5模式的T8—T10、T10—T12时段和休息日R1模式的T14—T16、T16—T18时段，会出现两相邻时刻间活力流动变化的多种不同情况。

由以上聚类研究发现，城市内活力流动具有一定的规律性，可视化表现各模式活力流动时间变化规律有助于清晰认识活力流动状态、程度、持续时段及具有同类表现的研究单元数量。工作日与休息日这14类典型的活力流动模式形象化地展现了城市内主要活力流动变化的情况。

5.4

城市功能分区及其与昼夜城市活力
流动模式的关联

城市功能分区的研究是城市规划相关研究的重要内容之一，大数据的普及使研究者可以利用相关城市大数据探究城市功能分区状况，相较于原有的借助已有城市规划方案或遥感等对地观测数据等相对静态的研究方法，现有城市大数据能更好地刻画城市运行发展中的动态状态，其真实性更高，定期更新及可以实时获取的便捷性使其较少出现城市发展功能变化导致原有数据检测不到而出现误差的问题。

在城市不同功能区，城市居民会表现出不同的行为规律，例如，早间离开居住区到商务区办公，晚间去商业区休闲消费再返回居住区。不同时间的行为规律与城市功能空间产生耦合关联，即会使具有相同活力流动变化规律的基础研究单元与城市功能区产生相关性。因此在聚类研究活力流动模式之后，利用POI数据依据算法模型对城市功能区进行识别，进而研究两者耦合关系。

5.4.1　城市功能分区识别

（1）划分城市街区

依据城市路网数据建立道路空间，并划分城市街区。爬取获得的OSM路网数据为双线数据，在划分城市街道空间时会造成一定程度的破碎切割，将其处理成单线路网并裁剪修改路网拓扑错误。

基于ArcGIS平台对获取的OSM路网数据进行处理，步骤如下：

① 提取主要道路网。提取次干路及以上等级的道路，主要包括有高速公路（motorway）、干道（trunk）、主要道路（primary）、次要道路（secondary）以及连接线（link）。

② 转换投影坐标为WGS 1984 UTM Zone 50N。

③ 提取道路中线。按照道路等级分别生成40m、20m、10m缓冲区，建立道路空间，再提取道路中心线。

④ 修改道路拓扑错误。对有伪节点、悬挂点等拓扑错误的路网进行相关处理，对不符合分区要求的路网线段进行裁剪或添加。

⑤对于特征明显的区域，对照原始路网与兴趣点分布重新划分街区。

（2）识别功能分区

通过核密度分析，生成天津市主城区各功能类型的POI核密度图。通过空间连接将各功能类型的核密度值与街区单元进行关联，基于各功能区所占的权重，结合核密度值计算各路网单元内各个功能类型所占的比例，根据功能区的判别规则，最终得出天津市主城区功能区的分区结果。基于城市规划的控制导向，城市的各类功能区分布具有一定秩序，而城市空间的活力流动即是城市功能区之间人群活动的展现，活力增长与消散的时空特征及其强度与城市不同的功能区联系紧密。本章节分析活力流动模式的空间分布特征，研究城市各类功能区与活力流动模式的关联关系。基于ArcGIS平台，将各昼夜城市活力流动模式与城市功能分区进行叠加后，对每种模式所有研究单元中每类城市功能的比例进行计算。

值得注意的是，在研究区域中，主城区之外的地区以工厂、企业分布较多，而此处地区道路较少，促使地块划分较大，因此外围会出现较大面积的产业用地，在进行活力流动模式关联时会出现各模式与产业功能有很高的关联度的情况，需进行比较分析。

5.4.2　昼夜城市活力流动模式与城市功能分区的关联

（1）工作日昼夜城市活力流动模式与城市功能分区关联分析

①工作日W1模式在空间分布中占据了和平区大面积地区，在其他区域呈板结状均匀分布，在部分地区沿道路分布，涵盖功能区混合多样。W1模式与绿地广场、其他功能的关联度相对较小，与主要城市功能关联度都为均值及以上水平，如表5-4-1、图5-4-1所示。W1模式在产业、居住、商业、公共服务等功能区均有分布，虽然该模式出现在多种功能区，但因工作日活动的规律性，整体表现为早上与中午时段的活力增长流动，且强度较低。工作日W1模式代表一种工作日生活状态下普遍地发生在工作、消费、居住相关功能区中的活力流动模式。

表5-4-1　工作日各类模式的功能分区分布						单位/%
功能分区	W1	W2	W3	W4	W5	W6	W7
居住	10.2	7.1	1.9	14.7	11.2	9.8	16.1
商业	1.1	0.7	0.2	0.2	0.9	0.7	1.2
科教文化	7.5	5.7	8.4	7.5	6.1	4.5	4.6
公共服务	16.7	14.1	12.5	21.3	16.4	15.6	21.2

续表

功能分区	W1	W2	W3	W4	W5	W6	W7
产业	51.1	52.6	59.8	40.2	41.8	50	36.5
绿地广场	1.1	1.0	1.9	0.8	1.3	1.2	1.6
交通设施	6.3	7.6	3.0	3.9	8.7	5.1	8.3
河流水系	4.0	4.2	4.7	5.1	4.6	4.3	3.4
其他	2	7	7.6	6.3	9	8.8	7.1

（表源：作者自绘）

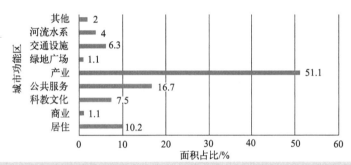

图5-4-1 工作日W1模式城市功能区面积占比（图源：作者自绘）

② 工作日W2模式在市内六区分布较为松散，但在外围四区有较明显的板结状集聚、沿道路分布情况。与其他模式相比，该模式与交通设施、产业等主要功能区的关联度均处于较高水平，如表5-4-1、图5-4-2所示，倾向于发生在中心区外的产业区及主要交通道路周边，表现为早高峰时段、午间及下午时段的活力增长流动，以及晚高峰及晚间的活力消散流动。

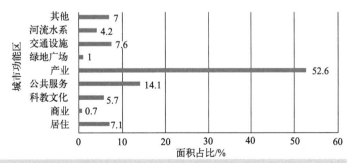

图5-4-2 工作日W2模式城市功能区面积占比（图源：作者自绘）

③ 工作日W3模式的研究单元数量极少，大多分布在外围四区，但却表现出极强的功能分布特征。相较于其他模式，其较少分布于居住、公共服务、商业等为主要功能的功能混合区，分布地区的功能性相对单一，这与其主要分布在外围城区相关。其与产业、绿地广场和科教文化的关联是所有模式中最高的，如表5-4-1、图5-4-3所示，多分布在学校、美术馆、职业学校、工业园区附近，可见该模式主要表现为脱离城市活力流动大趋势影响的科教文化、科研生产场所的活力流动状态，表现为早间至午间长时段（T8—T12）的活力增长流动。

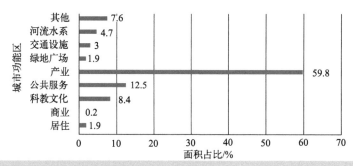

图5-4-3　工作日W3模式城市功能区面积占比（图源：作者自绘）

④ 工作日W4模式包含的研究单元数量少，在居住区集中的地区均匀散布。该模式与居住、公共服务、科教文化的关联度在所有模式中相对较高，如表5-4-1、图5-4-4所示。表现为早间（T6—T8）、晚间（T20—T22）大范围的活力增长流动及晚间（T22—T24）显著的活力消散流动，其余时段活力流动状态较为平衡，且在晚通勤时段活力增长流动高度发育，契合早通勤时段人群从居住地流出、晚通勤时段人群回归的活动规律。该模式主要分布于环城四区的居住区及其周边的服务设施附近。

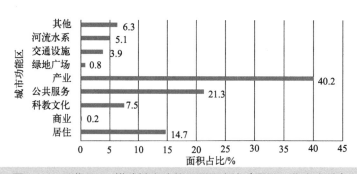

图5-4-4　工作日W4模式城市功能区面积占比（图源：作者自绘）

⑤ 工作日W5模式的研究单元数量最多，在中心六区中，除在和平区少有分布外，在其他五区均大面积分布，在外围主要城市片区大量分布并有明显沿道路分布的趋势。虽然W5模式的研究单元数量最多，但其与面积最多的公共服务、产业功能区域的关联度并不高，与交通设施、河流水系、绿地广场、居住、商业等功能有相对较高的关联度，如表5-4-1、图5-4-5所示。W5模式的研究单元数量多，在整体表现为早（T6—T8）与晚（T16—T18）显著的活力增长流动时，在白天其他时段（T8—T16）不同部分都会有活力增长流动的表现。W5模式代表工作日主要且普遍的活力流动状态。

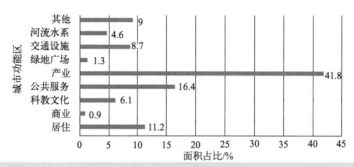

图5-4-5 工作日W5模式城市功能区面积占比（图源：作者自绘）

⑥ 工作日W6模式包含的研究单元数量较少并均匀散布。相比于其他模式，W6模式与各城市功能区的关联度均处于中等水平，并没有显著关联的功能区，如表5-4-1、图5-4-6所示。一些研究单元涵盖了科教文化、居住、公共服务等功能区及混合功能区，研究单元表现出早两个时段（T6—T8、T8—T10）及午间（T12—T14）及晚间（T18—T20）大范围的活力增长流动。

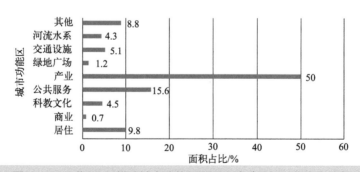

图5-4-6 工作日W6模式城市功能区面积占比（图源：作者自绘）

⑦ 工作日W7模式的研究单元数量较少，整体空间分布松散，但其与居住、公共服务、交通设施、商业四个主要功能区的关联度是所有模式中最高的，如表5-4-1、图5-4-7

所示。该模式内的研究单元表现为早（T6—T8）、中（T10—T12）、晚（T16—T20）时段显著的活力增长流动。由此可判断其主要分布在一些居住区及其周边的商业、公共服务设施附近，根据卫星图发现其主要分布在居住区及重要交通枢纽周边。

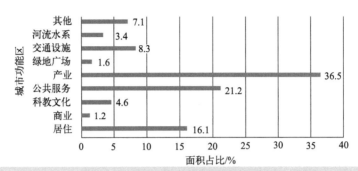

图5-4-7　工作日W7模式城市功能区面积占比（图源：作者自绘）

综上所述，W1模式代表一种工作日生活状态下普遍地发生在工作、消费、居住相关功能区的活力流动模式。而W2模式倾向于发生在中心区外的产业区及主要交通道路周边，W3模式倾向于发生在除中心区以外的科教文化及以产业为主导的区域，W4模式倾向于发生在外围四区的居住区及其周边的服务设施附近。W5模式倾向于发生在中心区及外围主要道路周边地区，发生的功能区则较为多样，其是工作日主要的昼夜城市活力流动模式。W6模式没有显著的功能区分布特征，可认为是一种主要模式的周边情况。W7模式倾向于发生在居住区、重要交通枢纽周边。

（2）休息日昼夜城市活力流动模式与城市功能分区关联分析

① 休息日R1模式包含的研究单元数量最多，所涉及的功能区也最丰富。虽然数量多，但R1模式与面积最大的产业功能的关联度是所有模式中最低的。相较于其他模式，R1模式与交通设施、公共服务有最高的关联度，与居住和科教文化功能区的关联相对较高，如表5-4-2、图5-4-8所示。空间分布占据中心六区大范围区域，在外围主城区大量分布并具有沿主要道路分布的趋势。

表5-4-2　休息日各类模式的功能分区分布							单位/%
功能分区	R1	R2	R3	R4	R5	R6	R7
居住	9.1	10.1	1.9	12.2	2.9	13.0	6.9
商业	0.7	0.9	0.6	0.8	0.9	0.4	1.3

续表

功能分区	R1	R2	R3	R4	R5	R6	R7
科教文化	5.8	4.8	4.0	6.2	2.9	5.6	5.6
公共服务	24.0	17.1	12.1	16.5	12.6	18.1	13.8
产业	32.9	44.7	60.3	42.5	55.5	47.1	56.9
绿地广场	1.0	1.3	0.1	1.0	2.4	0.5	0.2
交通设施	16.2	5.5	5.2	5.2	10.4	5.9	4.4
河流水系	3.4	4.2	4.9	4.9	3.5	3.8	3.8
其他	6.9	11.4	10.9	10.7	8.9	5.6	7.1

（表源：作者自绘）

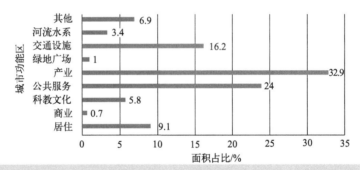

图5-4-8　休息日R1模式城市功能区面积占比（图源：作者自绘）

　② 休息日R2模式的研究单元数量略少于R1模式，活力流动的时间变化特征与R1模式相似。除与居住及产业功能的关联度大于R1模式外，与其余功能的关联度均小于R1模式，如表5-4-2、图5-4-9所示。该模式主要分布于环城四区，同样具有沿主要道路分布的趋势。R1模式与R2模式互为补充，表现出中心区与外围区两种空间的主要活力流动状态。

　③ 休息日R3模式的研究单元数量较少，所涉及的功能区混合度低且主要在环城四区散布。与其他模式相比，该模式与居住功能的关联度最低，与产业功能的关联度最高，与其他主要功能的关联度在均值水平，如表5-4-2、图5-4-10所示。可见R3模式是以产业功能为主导的模式，活力流动状态时间特征表现为持续至16点的活力增长流动，以及18点下班回家的活力消散流动。

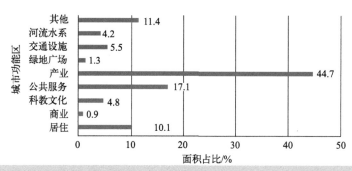

图5-4-9　休息日R2模式城市功能区面积占比（图源：作者自绘）

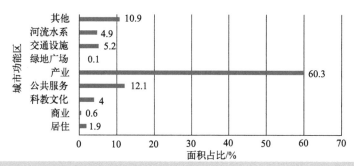

图5-4-10　休息日R3模式城市功能区面积占比（图源：作者自绘）

④ 休息日R4模式包含的研究单元数量较多，空间分布较为均匀，中心地区有板结状分布趋势，外围四区有少部分沿道路分布趋势。与其他模式相比，该模式与居住、科教文化功能的关联度最高，与产业功能的关联度相对较低，如表5-4-2、图5-4-11所示。R4模式表现为早间两时段（T6—T8、T8—T10）、午间（T12—T14）、晚间（T12—T14）十分规律的活力增长流动状态，与居民活动出行、科教文化场所营业时间等行为规律基本契合。

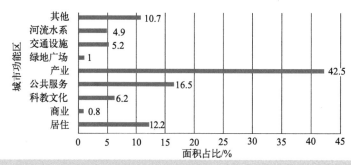

图5-4-11　休息日R4模式城市功能区面积占比（图源：作者自绘）

⑤ 休息日R5模式包含的研究单元数量最少，空间分布多在外围四区的农田用地等产业功能地区。相较于其他模式，R5模式与产业、交通设施有较高的关联性，如表5-4-2、图5-4-12所示。该模式整体表现分为两大类，即一直活力消散流动或一直活力增长流动，但都在晚（T16—T18）呈现显著活力增长流动并在之后出现活力消散流动，时间变化特征与R3模式相似。

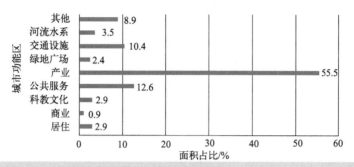

图5-4-12　休息日R5模式城市功能区面积占比（图源：作者自绘）

⑥ 休息日R6模式集中分布在市内六区边缘及外围四区的居住区聚集地区，相较于其他模式，其与居住、公共服务功能的关联度最高。其空间分布关联的功能与R2模式相似，但其关联程度更高，如表5-4-2、图5-4-13所示，空间分布也紧邻R2模式。该模式早间活力增长流动持续时间更长。

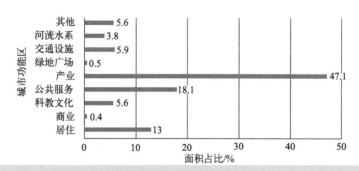

图5-4-13　休息日R6模式城市功能区面积占比（图源：作者自绘）

⑦ 休息日R7模式多散布在外围四区。城市功能分布中商业功能数量较少，虽然R7模式多分布在中心区以外地区，但该模式与商业功能的关联度是所有模式中最高的，甚至为其他模式的2～3倍，如表5-4-2、图5-4-14所示。可见R7模式倾向于分布在外围城区的产业、商业及其相关混合功能区。

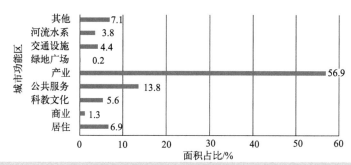

图5-4-14　休息日R7模式城市功能区面积占比（图源：作者自绘）

综上所述，R1模式倾向于发生在中心区交通通达度高且服务设施密集的地区，R2与R6模式倾向于发生在外围四区中居住及公共服务密集的地区，R3与R5模式均倾向于发生在以产业功能为主导的环城地区的产业区或道路交通设施附近，R4模式倾向于发生在与居住及科教文化场所相关的区域，R7模式倾向于发生在外围城区的产业、商业及其相关混合功能区。

5.5

小结

城市中研究单元的主要功能、建设情况等不尽相同，单元内人群集聚活动状态随时间变化呈现不同情况，表现出多样的活力流动状态。以各研究单元为主体进行研究，探究昼夜城市活力流动模式：依据基础研究单元昼夜城市活力流动状态变化时间特征，将具有相同变化特征的研究单元聚类成典型的昼夜城市活力流动模式，获得每日7类共14类典型的昼夜城市活力流动模式，研究各模式的活力流动时间变化特征；将各类活力流动模式与城市功能分区进行叠加分析，探究每类城市功能分区可能的活力流动模式。

研究发现：

① 休息日与工作日会出现包含大量研究单元的主要模式，该模式在研究区域中心及外围道路广泛分布，涵盖的功能区较多，分别代表两日普遍的活力流动状态。且主要模式均与研究区域内占据面积最大的产业功能有较低的关联度。

② 工作日各活力流动模式与各功能分区的关联程度都比较相近，但休息日各模式与各功能分区的关联性差异较大。

③ 工作日6点至10点及14点至16点出现活力增长流动的模式普遍发生在居住区周边的工作地、消费地；6点至8点及10点至16点出现显著活力增长流动的模式倾向于发生在外围地区的产业园及道路周边；8点至12点出现活力增长流动的模式倾向于发生在外围地区以科教文化、产业为主导地区；6点至18点出现不间断活力增长流动的模式是工作日主要的活力流动模式；6点至8点、14点至20点出现活力增长流动的模式倾向于发生在居住区、重要交通枢纽周边。

④ 休息日在上午时段出现显著活力增长流动，下午、晚间时段出现显著活力消散流动的模式主要分布在中心区域交通通达度较高的地区；在上午6点至10点时段、下午12点至14点时段以及晚间16点至18点时段出现显著活力增长流动的模式主要分布在居住及科教文化场所附近；上午及下午时段活力流动状态高度混合的模式倾向于分布在外围城区的产业、商业及其相关混合功能区；14点至16点、16点至18点出现显著活力增长流动的模式倾向于发生在外围城区的产业、商业及其相关混合功能区；6点至12点、18点至20点出现活力增长流动的模式倾向于发生在外围四区中居住及公共服务密集的地区。

第
6
章

天津夜间城市
活力提升策略

本章依据第3至第5章有关夜间城市活力时空分布规律、昼夜城市活力流动时空特征以及昼夜城市活力流动时空模式的相关研究结论，从提升基础活力与功能活力、重点提升四类空间活力和建造中心活力区等角度，提出了天津夜间活力提升的策略。

6.1

基础活力与功能活力双重营造

基础活力与功能活力是有交集的两类活力，也是构成城市生活空间活力的两个主要方面。两类活力是由不同人群的活动产生的：一个地区的常住人口在其主要生活范围内的各类基础活动，表征为城市的基础活力，如天津市市内六区，其高密度的人口分布与居住区分布，即表征该地区具有高程度的基础活力，反映出地区活力的规模性；一个地区在满足居住人群活动需求的同时，能为常住人口提供各类基础服务，有其他功能的分布，道路通达性强，能连接其他区域等，这些因素会吸引外来的、非居住在本地的人群来此活动，由此类人群活动表现出的活力称为功能活力，反映出地区活力的中心性。

城市的居住、产业、服务、交通活动产生的活力是城市的主要活力来源。影响基础活力的要素主要包括基本公共服务设施综合覆盖率、休闲娱乐设施密度、路网密度等；影响功能活力的要素包括企业密度、地铁站点密度、绿地广场密度、文化设施密度等。影响因素指标体系基于基础活力与功能活力的分类见表6-1-1。在研究的昼夜城市活力流动强度影响机制部分，对相关活力影响因素的作用机制进行了探讨，以下依据研究结论提出活力提升策略。

表6-1-1 活力影响因素归类

活力类型	相关影响因素	影响是否显著
基础活力	路网密度	工作日、休息日均显著
	公共服务设施密度	否
	公共交通可达性	否
	生活服务设施密度	工作日、休息日均显著
	居住区密度	否

活力类型	相关影响因素	影响是否显著
功能活力	文化设施密度	休息日显著
	商务设施密度	工作日、休息日均显著
	商业设施密度	工作日、休息日均显著
	公共交通可达性	否
	城市功能混合度	否

（表源：作者自绘）

6.1.1 基础活力提升

① 路网密度与活力流动具有显著关联，关联系数高，主要表现为积极影响，但在部分中心地区仍存在消极影响。首先需要加密城市道路网络，继续推进"小街区、密路网"建设，进一步构建便捷合理的城市路网体系，扩大路网对活力流动的积极促进作用。同时完善城市快速路体系，在内环以完善为主，在外环以建设提升为主，开展外环线、快速路改造，使其辐射更多地区。其次改善城区自行车交通环境，在主干道、次干道规划慢行交通线，设置物理设施保障自行车出行。最后对路网密度存在消极影响的区域，应调查具体原因，通过设置单行道、潮汐车道等方法，改善地区交通环境，形成良好的交通秩序。

② 生活服务设施密度在各影响因素中影响序位不高，但在市内六区及西青区、津南区、北辰区的大部分地区都表现为积极影响，说明加强基础生活服务设施的建设是促进城市活力流动的重要举措。首先需要继续完善生活圈建设，在增加生活服务设施数量的同时，促进服务设施的多样化，提升服务的丰富度与完善度，促进市场转型升级。同时优化菜市场的布局，充分利用老旧小区和小区内利用率不高的空间角落，打造便民新鲜食品小超市和蔬菜店。并且鼓励便利零售商进入社区，打通"最后一公里"。

③ 公共交通可达性对活力的影响不显著，但要关注公共交通可达性不足或过高对昼夜城市活力流动的消极影响。首先疏导中心区公共交通，完善网络，减少交叉冗余，并在外围城区活力吸引点周边完善公共交通，因地制宜构建便捷交通网，提升城市活力流动的动力。其次全力推进在建地铁建设，推动站城一体化更新，优化轨道交通接驳系统，进一

步提升轨道交通服务水平。最后重点推进中心城区及外围组团等区域的公交场站建设，探索公交场站综合利用模式。

④ 公共服务设施密度虽对活力流动的影响不显著，但促进公共服务设施建设是提升城市活力质量的重要措施。首先促进公园城市的建设，优化城市公园的布局位置，改善整体绿地。其次对现有公园进行优化和现代化改造，增加和完善儿童游乐区、娱乐休闲区、体育休闲区和公共服务设施等。然后，在中心区合理安排普惠性幼儿园的位置，增加公立幼儿园的数量，并支持将未充分利用的土地和商业场所用于儿童保育。同时在中心区以外的城市组团积极承接中心城区人口、教育、医疗、文化体育设施迁移。推进基本公共服务优质均衡发展，增加对重点人群的公共服务资源配置。最后全面推动基层医疗机构标准化建设，促进基本医疗卫生服务均等化，保证每个社区均配置符合规定的基层医疗卫生机构。

6.1.2 功能活力提升

① 文化设施密度对休息日活力流动状态具有显著影响，但在天津市主城区主要呈现消极影响。对具有积极影响的区域，如北辰、津南及东丽的部分地区，依据地区实际需要，增加适宜的文化设施，增加这些地区文化设施的数量、种类，形成涵盖区级、街道级、社区级三级的文化设施体系，以及均衡便捷的文化设施服务网络。在文化设施具有消极影响的市内六区等地区，重点提升文化设施的质量水平，采取错时开放、夜间开放等措施，降低高峰时段交通压力，延长活力存续时间。

② 商务设施密度与工作日与休息日的昼夜城市活力流动具有显著关联性，工作日整体为积极影响，但休息日大部分地区为消极影响。首先在城市中心区继续加强金融服务集聚区建设，利用老商务区的历史资源，重点发展新金融、类金融、传统金融等金融业态，探索建设金融创新运营示范区。其次在外围四区利用存量用地资源建设高端金融服务区，提升商务资源对活力的影响度。最后重点关注休息日商务设施对活力流动的消极影响，提升商务区的功能混合度，利用开敞空间、闲置场所开展会展、会议、文化节等多样的交流活动，提升商务区在休息日的人群活跃度。

③ 商业设施密度与工作日与休息日的昼夜城市活力流动状态都具有显著关联性，整体呈现中心与外围的两极分布影响，但影响系数并不高。首先需要重新整合商业资源，提高商业对促进活力提升的贡献度。复兴传统商圈，以新颖的业态理念构建全新商圈模式，提升商业业态多样性，适应购买力年轻化的趋势。探索传统商圈新型服务功能，推动传统商业向智慧商圈转型升级。支持自主迭代更新，支持独立迭代再生，整合街区丰富的历史资源和独特的

文化，打造一个充满烟火气息的休闲体验区。其次探索将社区活力中心和人群中心引入传统商业区、商业综合体及周边低效存量资源的方式，把适应性强的商业转化为活力圈，促进新场景、新业态的落地，打造多个不同主题的商业活力区，引导消费的现代化。

④ 城市功能混合度对工作日与休息日的影响，均呈现中心区的高度消极影响与外围地区的积极影响的两极分化状态，且在休息日中心区的高度消极影响区域范围更大。首先应该关注功能混合社区的发展定位、功能布局及与城市交通流线的组织联系。其次高功能混合度的地区需一直秉持开放和共享的理念，重视多元功能的混合，区分面向城市的功能与面向社区的功能，强调竖向的功能混合建设。

6.2

四类城市空间活力重点提升

城市空间的活化再生对提升城市空间活力具有重要意义，它能够带动地区的文化消费，创造新的经济效益。依据工作日与休息日昼夜城市活力流动模式的活力流动时间变化特征，以及该模式与城市功能区的关系，从提升生活活力、文化活力、交往活力、生态活力的角度重点关注四类空间，即老旧小区、历史风貌区、公共空间以及工业园区。

6.2.1 老旧小区活力改造

依据与居住区具有较高关联度的昼夜城市活力流动模式R1与W4的活力流动时间变化特征及其与城市功能空间的关联性，重点提升居住区活力。

（1）完善社区生活圈服务体系

公共服务设施配套由"以物为中心"发展转变为"以人为中心"，促进所有年龄段的人的全面发展，建立一个"有利于工作、有利于生活、有利于休息、有利于娱乐和有利于学习"的"有机生活方式"的社区。结合老街区的特点，在步行可达范围内，以低出行成本满足日常生活所需，重点放在街坊级和5分钟生活圈两个维度上，并根据实际情况调整设施配置的内容和规模，并按照"居民应在合理的步行距离内满足基本生活需求"的"生活圈"理念，鼓励邻近的老旧小区间配套设施的共享使用。

（2）盘活闲置资源，建立服务综合体

老旧小区缺乏活力的主要原因之一是没有给居民提供交流互动的场所，但部分小区内又有许多空置废弃的空间没有得到切合实际的改造利用。因此对老旧小区的现状空间进行摸底排查，进行可改造空间的预选备案。并在充分分析研判周边人口分布、居民结构的基础上，切实考虑居民的实际需求，依据各类空间的基本情况，分级分类进行闲置空间改造，实现公共服务的拓展延伸。同时建立并完善老年日间照料中心等养老设施，鼓励将老旧小区中的国企房屋和设施以适当方式集中改造用于发展托育服务。

（3）改善生活环境

分类推进老旧小区改造。首先实施基础类改造，着力于市政配套基础设施的改造和建筑物屋面、外墙、楼梯等公共部位的维修。其次，公共空间的再生必须充分考虑到使用这些空间的人的行为特征，以使邻里公共空间成为人们可以社交、活动和建立活力的地方。最后，公共开放空间的恢复应采用绿色生态的恢复方式，以环境友好和可持续的方式恢复整体街区环境。

6.2.2 历史风貌区活力延续

依据与科教文化具有较高关联性的昼夜城市活力流动模式W3与R4的活力流动时间变化特征及其与城市功能区的相关关联性，提升城市历史风貌区活力。城市的"性格""气质"等城市的精神体现均来源于该地区的历史文化沉淀，这也是城市多样性的重要表现。延续城市历史风貌区活力，不仅能提升城市活力，更能继承城市历史文化精神。对城市历史风貌区的活力挖掘，是塑造城市特色、打造城市名片的重要措施。以下从保护和培育两方面探讨历史风貌区活力延续的策略。

（1）保护历史风貌，留存活力火种

延续历史风貌区的活力，首要工作即是保护好现有的文化遗产，只有真实的历史遗迹才能真正吸引人。保护城市历史遗产，要按照尊重历史文化的原则，做好现有建筑的特色形象维护工作，坚持应保尽保，尽最大努力保留城市记忆。主要需要关注以下三点：①控制大规模拆迁、扩建和迁建，保持现有建筑的使用功能，保留老城区的规模格局，延续城市的特色风貌。②对历史风貌区的保护规划进行审查，对历史资产和风貌进行提取、分析和评估，制定全面、合理的保护规划措施，使编制的成果更加实用、可实施。③明确保护范围、保护和控制要求以及市政基础设施规划的原则，规划区内的所有保护和建设活动也必须符合相关规划要求。

同时，针对天津境内的运河及运河沿线的文化遗产，坚持文化保护和生态保护一体联动，加强大运河沿线文化遗产和历史风貌的整体性保护，开展文物影响评估和考古调查、勘探工作，组织运河沿线文物保护修缮工作，加强水生态保护与修复，推进南运河、北运河综合整治，打造沿河生态带是延续和提升运河片区活力的重要举措。

（2）培育新业态，续写活力基因

对体现天津城市发展某一阶段、某一重要历史事件和社会情感记忆的现有建筑，坚持历史价值和现实价值无缝对接，充分利用其历史文化遗产的价值，尽可能进行修复和再利用，并引入符合建筑空间和功能的新业态。同时，针对一些传统功能已经消失的历史文化空间，通过专业的规划和策划，赋予其新的功能和形态。具体举措有：①重点盘活空置小洋楼资源，打造时尚消费文化旅游购物带，完善区域慢行系统。②对于体现传统文化的老城厢、古文化街、估衣街等历史街区，加大文旅资源整合力度，擦亮"老城津韵"品牌，依托特定街道打造开放式创意艺术文化街区。③依托大运河沿线特色风貌建筑、名人故居、历史遗迹、广场公园等资源，打造大运河文化旅游带，促进沿线商旅文融合。

6.2.3 公共空间活力营造

依据与交通设施、河流水系等具有较高关联性的昼夜城市活力流动模式W4、W5与R4的活力流动时间变化特征及其与城市功能区的相关关联性，提升城市主要公共空间活力。城市公共空间是城市社会生活的重要场所，如水体、文化中心、街区和景观公园等。低质量的公共空间难以吸引人群，难以成为人们日常交往、休闲活动的空间载体，也必然难以凝聚城市的空间活力。

（1）滨水空间

为了给市民提供更优质的公共空间，首先要从人与自然和谐共处的角度进行规划，打造城市自然生态格局。具体措施有：①注重功能布局。对不同滨水空间及同一滨水空间的不同分段区域进行定性定位，在不破坏生态环境的基础上适度引入休闲娱乐、餐饮购物等多功能设施，满足人群多样化需求，以增加人群的停留度。②多样性亲水活动。通过设置滨水广场、亲水码头等较大的节点空间，并结合水上栈道等小的亲水设施，形成错落有致、富有趣味的滨水游玩空间，不仅丰富了水岸线的空间布局，更能为人群提供多样化的游览体验，形成集聚活力的积极空间。③注重夜间活力。灯光与水的结合是吸引夜间活力的亮点要素，注重滨水空间灯光的布局规划，为人群创造良好的夜游体验。发挥海河景观引擎作用，构建海河沿线设施的夜景灯光，服务夜间经济，提升夜间消费体验。④优化交通网络。使运河滨水空间充分衔接城市路网，加强其与周边区域的联系，实现内外交通联通，更好地将人群引入滨水空间。

（2）街道空间

街道空间有生活型街道、商业型街道、历史风貌型街道和景观型街道等多种类型，分别依据不同街道特性，制定不同的活力提升策略。具体措施有：①生活型街道。在营造良好社区生活环境的同时，保障街道有足够的通行宽度，保证行人日常顺利通行，避免各类生活性活动对道路基本功能的侵占。②商业型街道。进行街道空间形态的设计，商业型街道不宜过长，超出合适长度会使人群丧失尺度感，也不宜过短，过短的商业街难以实现商业集聚。通过管控建筑前区、店铺密度等增加街道趣味性，进行建筑前区空间与慢行空间的一体化设计，并重点关注街道的便捷性和安全性。③历史风貌型街道。历史风貌型街道是城市形象的展示空间，要打造具有历史特色的沿街界面，并提供游览观光、驻足停留的场所功能。④景观型街道。景观型街道是吸引人群活动交往的重要空间，通过错落有致的景观小品、街道家具、慢行线设计等增加街道可停留度，通过街道的空间序列、视线控制和开敞空间设置等，提升街道的舒适度。

6.2.4 工业园区活力赋能

依据与城市空间产业功能具有较高关联的昼夜城市活力流动模式W3与R3的活力流动时间变化特征及其与城市功能区的关联性，重点关注城市工业产业区的活力提升。工业区在卸下其主要生产功能后，留下的厂区与建筑不是空间改造的负累，将保护利用、特色挖潜、功能植入、文化重塑、生产重现等理念相结合，为工业园区活力赋能。

具体措施有：①对于丧失原有生产功能的老工业区，首先需要进行生态修复、现状历史文化遗迹保护等相关规划策略的制定，为后续新功能植入打好基础。②充分挖掘中心城区工业遗存的历史文化价值和工业时代价值，探索工业遗存活化利用新模式。可以在工业遗产项目开发的初期，将工业区改造成博物馆、文创园等旅游商业项目，这是将工业文化与商业、旅游业结合的有益尝试。③工业区失去原有生产功能，不仅只有与文旅结合这一条路，引入新的"生产"也是一种赋予其新生的方式。这不仅需要完善工业遗存城市更新运营模式，更需要鼓励产权单位通过厂房租赁、企业资产重组等方式实现市场运作，激发再生活力，实现产城融合发展。

6.3

高密度核心区的活力品质提升

依据工作日主要活力流动模式W5与休息日主要活力流动模式R1的活力流动时间变化特征及其与城市功能空间的关联性，重点关注高密度核心区的活力提升。传统的高度集中发展的中心区开始向中央活力区的方向发展转型。高密度核心区成为引领城市人群聚集、交往、休闲消费、文化娱乐及高品质生活居住的地方，需要打造独一无二的城市IP；需要多样化的功能，以满足不同目标群体对工作、购物和消费、文化和艺术体验、居住的不同需求；需要注重片区的全时活力、职住平衡活力以及可持续发展活力。

6.3.1 整合片区活力

城市中心区传统开发模式的遗留问题以及各地块在各自红线内的孤立开发，造成业态功能、交通、市政等运维管理的割裂，核心区的价值无法为城市活力持续赋能。城市高密度核心区的一体化城市开发，通过统筹多主体实现多地块整体开发，能够形成"1+1＞2"的协同效应，形成多地块产业、功能等和自然资源的集中布局和优化配置。可以通过完善核心区内的社区配套，将增加的配套置于原规划设置的分界地段，以完善功能服务的方式缝合城市空间；可以建立多层次的立体交通，采用机非分离、公交优先等措施，以贯通交通系统的方式缝合城市空间。

6.3.2 营造全时段活力

营造全时段活力要重点关注夜间活力。影响夜间活力的主要原因有：夜生活时间不长，夜间活动、业态与白天高度同质化、缺乏吸引力等。依据业态匹配需求，对夜间生活副本进行重点培育，营造城市核心区持久长效的城市活力。利用丰富多元的城市功能业态，在全时段内吸引商务、消费休闲、居住等多类型的人群活动。在设置多元业态时改变传统"查缺补漏"式的业态丰富路径，从功能的立体复合、统筹配合的角度建立全业态的共生关系。

6.3.3 塑造可持续活力

城市高密度核心的活力可持续发展是一个多层面的问题，要求在规划、设计、建设与建后运营管理的四大环节中遵循环境、经济、社会和治理的四大可持续原则。①环境可持续原则要求由传统以功能和制造业为导向的城市中心发展转向以人和环境为导向，注重创造绿色自然生态环境。②经济可持续原则要求在保证环境质量、服务质量的前提下，使经济发展利益达到最大限度。③社会可持续原则要求保持社会公平，用公平的态度对待所有利益相关者，并为利益相关者提供基本服务，实现公平分配。④治理可持续原则是实现活力可持续的重要保障。可持续治理需遵循精细、智慧和高效响应的原则。

第 7 章

总结与展望

7.1

研究总结

研究利用POI数据、百度热力图、OSM路网、人口密度等时空数据，分别从夜间城市活力的时空分布规律、昼夜城市活力流动的时空特征以及昼夜城市活力流动的时空模式三个方面探索夜间城市活力的特征。

（1）夜间城市活力的时空分布规律

① 通过TOPSIS活力模型计算出天津市中心城区工作日和休息日的城市夜间活力，并将结果使用几何间隔分级法分为五个级别，按城市夜间活力值由高到低分别是高活力区、较高活力区、一般活力区、较低活力区和低活力区。②将夜间经济活动满意度、夜间经济强度和夜间活力多样性等指标分别代入熵值TOPSIS活力模型，得出城市夜间活力评价结果。③对评价结果进行活力极识别，并依据周末与工作日活力极空间分布的变化特征将活力极分为四类区域：周末专项型、周末增长型、核心片区型、连续稳定型。④对四类区域的城市夜间活力空间分布规律进行分析，构建影响因素指标体系，并具体分析各指标对四类区域的影响机制。

（2）昼夜城市活力流动的时空特征

① 计算分时段活力流动值，对活力流动值进行重分类，将增长流动与消散流动按照大小分成高、中、低三个程度。通过各类活力流动状态面积占比的时间变化情况，探究昼夜城市活力流动状态时间变化特征；通过分析各类活力流动状态空间分布状态的时间变化情况，探究昼夜城市活力流动状态空间分布特征；通过重心转移模型，对各时刻的活力值重心进行估算，并将各时刻重心连接成轨迹，探究昼夜城市活力流动趋势时空变化特征。②从昼夜的早、中、晚三个时段，分别测度活力流动强度，探究活力流动强度空间分布特征；基于全域与局部莫兰指数测度昼夜城市活力流动强度的空间自相关性。③参考现有研究中城市活力的影响因素指标体系，结合研究对象等具体情况，选取并构建适宜的影响因素指标体系。用POI、OSM路网、人口密度等数据量化影响因素，通过最小二乘法选取显著影响因素。利用地理加权回归模型，探究各影响因素对昼夜城市活力流动的作用机制。

（3）昼夜城市活力流动的时空模式

① 利用聚类分析法，依据各研究单元昼夜城市活力流动时间变化特征，将具有相同活力流动特征的研究单元聚集为一类典型昼夜城市活力流动时空模式，并总结各模式昼夜城市活力流动的时间变化特征。②利用OSM路网划分研究区域的街区，并依据《国土空

间调查、规划、用途管制用地用海分类指南》重分类POI数据，利用核密度估计法、权重赋值等方法综合识别城市功能分区。③利用叠加分析法，将昼夜城市活力流动时空模式与城市功能分区相关联，研究典型活力流动模式与哪些城市功能分区关联最密切。

7.2

研究展望

研究通过前期的探索得到了一些结论与成果，但由于研究水平和相关数据等条件的限制，仍存在一些不足，需进一步完善和深化。具体如下：

① 在利用POI计算各类城市功能设施密度时，缺乏对设施大小的考量。利用POI计算城市功能混合度时，利用渔网划分单元将POI联系人为割裂，破坏人们居住生活环境原本的空间连续性，虽在计算中通过生成近邻表而人为建立人群生活感知环境，但因相关指标未验证而存在差异。

② 在利用地理加权回归模型研究影响因素的空间异质性时，所有因素采用了相同带宽，相较于多尺度地理加权回归模型对各因素采用不同带宽的方式，其拟合程度不高。但采用多尺度地理加权回归分析，因研究对象为规律排列的渔网单元等，计算结果出现多因素具有相同带宽的问题。未来可以基于实际街区尺度的基础研究单元对活力影响机制进行探究。

③ 因数据局限，对活力的测度仅依据单一的热力图数据，导致结果不全面。未来可整合多元化的数据，增加活力测度的角度，丰富影响因素体系的维度，建立全面、融合的数据框架。

④ 采用各时段活力差值的标准差综合表征一天中活力流动状态，并研究其与各影响因素的关系，未对各时段活力流动具体变化进行相关影响因素分析，可从这一方面入手，进一步探究一天中的活力流动与影响因素的关系，同时采用时空地理加权回归模型，或分时刻探究活力流动影响机制。

参考文献

[1] 雅各布斯.美国大城市的死与生[M].2版.金衡山，译.南京：译林出版社，2006.

[2] Jones P，Charlesworth A，Simms V，et al. The management challenges of the evening and late night economy within town and city centres[J]. Management Research News，2003，26(10/11)：96-104.

[3] Hollands R，Chatterton P. Producing nightlife in the new urban entertainment economy：corporatization，branding and market segmentation[J]. International Journal of Urban and Regional Research，2003，27(2)：361-385.

[4] 汤培源，顾朝林.创意城市综述[J].城市规划学刊，2007(3)：14-19.

[5] 刘黎，徐逸伦，江善虎，等.基于模糊物元模型的城市活力评价[J].地理与地理信息科学，2010，26(1)：73-77.

[6] 卢济威，张凡.历史文化传承与城市活力协同发展[J].新建筑，2016(1)：32-36.

[7] 刘云舒，赵鹏军，梁进社.基于位置服务数据的城市活力研究——以北京市六环内区域为例[J].地域研究与开发，2018，37(84)：64-69，87.

[8] 陈锦棠，肖云松，陈子琦，等.2000年—2020年我国城市空间活力研究成果分析[J].华中建筑，2023，41(3)：16-20.

[9] 孙超法.城市活力来源——发生空间[J].岳阳大学学报，1996(1)：13-15.

[10] Nardo T D. Architecture of urban spaces：A proposal for quality urban design[D]. Halifax：Dalhousie University，2010.

[11] 钟炜菁，王德.上海市中心城区夜间活力的空间特征研究[J].城市规划，2019，43(390)：97-106，114.

[12] 汪成刚，王波，王琪智，等.城市活力与建成环境的非线性关系和阈值效应研究——以广州市中心城区为例[J].地理科学进展，2023，42(1)：79-88.

[13] 董君，刘维彬.欧美城市理论在城市活力方面的启示[J].低温建筑技

术，2004(3)：22-23.

[14] Roberts M，Turner C. Conflicts of Liveability in the 24-hour City：Learning from 48 Hours in the Life of London's Soho[J]. Journal of Urban Design，2005，10(2)：171-193.

[15] 周天豹，杨安勤. 城市活力浅议[J]. 南方经济，1985(5)：15-18.

[16] 凌作人. 城市活力与新建筑之道[J]. 规划师，2001(2)：102-103.

[17] 张曙. 再现城市活力的港口改造——德国汉堡港口新城规划简评[J]. 新建筑，2005(1)：28-31.

[18] 宋聚生，王雪强，孟建民. 城市新区商业核心地段活力的塑造[J]. 城市建筑，2005(8)：44-48.

[19] 邓耀学. 行走与穿越生机与商机——法兰克福美茵河畔城市活力探寻[J]. 时代建筑，2005(2)：46-51.

[20] 洪祥瑾，朱志军，蔡云楠，等. 营造城市活力街区——以唐山市中心区建设路城市设计为例[J]. 南方建筑，2005(5)：19-21.

[21] 吕斌. 城市设计实践的反思与转机[J]. 国外城市规划，2001(2)：10-12，48.

[22] 汪胜兰，李丁，冶小梅，等. 城市活力的模糊综合评价研究——以湖北主要城市为例[J]. 华中师范大学学报(自然科学版)，2013，47(149)：440-445，449.

[23] 董超. 推动黑龙江省创意产业发展 提升城市活力[J]. 教育教学论坛，2013(6)：120-121，98.

[24] 李士虎. 激发城市活力改善生活质量[J]. 经济，2013(5)：43-46.

[25] 周大鸣. 移民与城市活力——一个都市人类学研究的新视角[J]. 学术研究，2018(1)：45-51.

[26] 叶佳琪，常笙玥，冯宇，等. 基于突变级数的城市经济活力分析与评价——以上海市为例[J]. 电脑知识与技术，2020，16(25)：200-202，204.

[27] 卢济威，王一. 特色活力区建设——城市更新的一个重要策略[J]. 城市规划学刊，2016(6)：101-108.

[28] 徐磊青，刘念，卢济威. 公共空间密度、系数与微观品质对城市活力的影响——上海轨交站域的显微观察[J]. 新建筑，2015(4)：21-26.

[29] 裴昱，吴濬杭，唐义琴，等. 基于空间数据的北京二环内夜间街道活

力与影响因素分析[J].城市建筑，2018(09)：111-116.

[30] 董慧.城市扩张：活力与焦虑的双重逻辑及其应对[J].甘肃社会科学，2019(5)：42-48.

[31] 徐千里.街头巷尾和建筑之间的城市活力[J].当代建筑，2020(8)：22-27.

[32] 徐千里，余水，许书.城市活力中心区公共空间的开放性和包容性研究——以重庆渝中半岛步行空间的品质提升和活力复兴为例[J].世界建筑，2021(6)：22-27，127.

[33] 杨春侠，吕承哲，顾卓行.城市特色和活力的创造[J].城市建筑，2019，16(1)：144-150.

[34] 杨春侠，韩琦，耿慧志.纽约巴特利公园城城市活力解析及对上海黄浦江沿岸地区提升的建议[J].城市设计，2020(1)：46-57.

[35] 蒋涤非，李璟分.当代城市活力营造的若干思考[J].新建筑，2016(1)：21-25.

[36] 刘迅，廖珊慧，黎焯轩，等.顾及城市功能区的建成环境对城市活力的影响——以广州中心城区为例[J].智能建筑与智慧城市，2023(2)：58-63.

[37] 张程远，张淦，周海瑶.基于多元大数据的城市活力空间分析与影响机制研究——以杭州中心城区为例[J].建筑与文化，2017(9)：183-187.

[38] 贾晋媛，宋菊芳.城市活力与建成环境"3D"特征的关系研究——以武汉市为例[J].现代城市研究，2020(8)：59-66.

[39] 龙瀛.新城新区的发展、空间品质与活力[J].国际城市规划，2017，32(2)：6-9.

[40] 唐璐，许捍卫，丁彦文.融合多源地理大数据的城市街区综合活力评价[J].地球信息科学学报，2022，24(8)：1575-1588.

[41] 鲁仕维，黄亚平，赵中飞.成都市主城区空间形态与街区活力的关联性分析[J].地域研究与开发，2021，40(1)：73-77.

[42] 苏心.空间句法下历史城区形态活力演变特征探索——以北京天津历史城区为例[J].建筑与文化，2015(2)：180-181.

[43] 宋扬扬，刘维彬，李建彬.营造城市活力街道[J].低温建筑技术，2009，31(3)：112-114.

[44] 陈喆，马水静.关于城市街道活力的思考[J].建筑学报，2009(S2)：

121-126.

[45] 龙瀛.街道城市主义新数据环境下城市研究与规划设计的新思路[J].时代建筑, 2016(2): 128-132.

[46] 童明.城市肌理如何激发城市活力[J].城市规划学刊, 2014, 3(216): 85-96.

[47] 王秀文.为城市活力与未来而设计——城市地下公共空间规划与设计理论思考[J].地下空间与工程学报, 2007(4): 597-599, 608.

[48] 夏正伟.城市活力空间的延续与拓展——城市地下空间开发利用的新思考[J].常州工学院学报, 2009, 22(3): 21-25.

[49] 黄骁.城市公共空间活力激发要素营造原则[J].中外建筑, 2010(2): 66-67.

[50] 魏晶晶.基于异质性城市活力营造的滨水空间景观设计策略思考[J].建筑与文化, 2017(11): 136-137.

[51] 韩咏淳, 王世福, 邓昭华.滨水活力与品质的思辨、实证与启示——以广州珠江滨水区为例[J].城市规划学刊, 2021(4): 104-111.

[52] 牛彦龙, 严建伟.营造地铁站域慢行空间激发城市活力——天津、香港地铁站点探析与启示[J].建筑与文化, 2015(9): 112-113.

[53] 徐婉庭, 马宏涛, 程艺, 等.北京地铁站域活力影响因素探讨[J].北京规划建设, 2018(3): 40-46.

[54] 崔岚.复兴城市活力的景观学策略初探[J].建筑与文化, 2012(12): 96-97.

[55] 吕扬, 宋苗苗, 孙奎利.基于绿道理论的城市活力空间设计研究——以松原市江北东区城市设计为例[J].建筑学报, 2014(S1): 134-137.

[56] 王娜, 吴健生, 李胜, 等.基于多源数据的城市活力空间特征及建成环境对其影响机制研究——以深圳市为例[J].热带地理, 2021, 41(6): 1280-1291.

[57] 塔娜, 曾屹恬, 朱秋宇, 等.基于大数据的上海中心城区建成环境与城市活力关系分析[J].地理科学, 2020, 40(1): 60-68.

[58] 王波, 甄峰, 张姗琪, 等.空气污染对城市活力的影响及其建成环境异质性——基于大数据的分析[J].地理研究, 2021, 40(7): 1935-

1948.

[59] 周雨霏，杨家文，周江评，等.基于热力图数据的轨道交通站点服务区活力测度研究——以深圳市地铁为例[J].北京大学学报(自然科学版)，2020，56(301)：875-883.

[60] 曹钟茗，甄峰，李智轩，等.基于手机信令数据的城市时间活力模式及影响因素研究——以南京市中心城区为例[J].人文地理，2022，37(6)：109-117.

[61] 刘泠岑，孙中孝，吴锋，等.基于夜间灯光数据的中国县域发展活力与均衡性动态研究[J].地理学报，2023，78(04)：1-13.

[62] 雷依凡，路春燕，苏颖，等.基于多源夜间灯光数据的城市活力与城市扩张耦合关系研究——以海峡西岸城市群为例[J].人文地理，2022，37(2)：119-131.

[63] 吴儒练，田逢军，李洪义，等.城市夜间旅游意象要素感知及其维度建构——基于UGC数据[J].地域研究与开发，2022，41(04)：113-118.

[64] 徐雅洁，陈湘生.地铁站域地下商业空间活力影响因素及活力提升策略研究[J].现代城市研究，2021(12)：70-76.

[65] 方琰，徐海滨，蒋依依.多源数据融合的中国滑雪场空间活力评价研究[J].地理研究，2023，42(2)：389-406.

[66] 冉长鑫，程玮瑜，吴静，等.基于改进Topsis法的城市活力评价——以南昌市为例[J].江西科学，2023，41(1)：152-158，181.

[67] 杨朗，张晓明，周丽娜.大数据视角下广州老城活力时空特征及影响机制[J].城市学刊，2020，41(4)：40-46.

[68] 刘羿伯，徐苏宁，刘文茜，等.多源数据支持下的北京滨水街区活力测度及影响因素分析[J].建筑学报，2021(S1)：120-127.

[69] 黄婷婷.超薄城市：低碳集约型城市的未来[J].规划师，2010，26(7)：121-123.

[70] 孙枫，章锦河.城市夜间休闲服务水平与活力度匹配分析——以南京市为例[J].中国名城，2021，35(1)：18-23.

[71] 郭菲，林怡.空间网络视角下的城市照明与城市活力关系研究[J].照明工程学报，2021，32(2)：154-160.

[72] 卞广萌，秦海岚，闫芳.城市活力视角下夜间公交线路调研与优化研

究[J]. 城市建筑，2021，18(19)：192-194.

[73] 禚保玲，王振，陈天一，等. 青岛市城市空间活力昼夜特征与提升策略[J]. 规划师，2021，37(S2)：94-100.

[74] 孙启翔，李百岁，田桐羽，等. 内蒙古的城市活力时空格局及影响因素研究[J]. 世界地理研究，2023，32(3)：101-111.

[75] 申婷，李飞雪，陈振杰. 基于多源数据的城市活力评价与空间关联性分析——以常州市主城区为例[J]. 长江流域资源与环境，2022，31(5)：1006-1015.

[76] 周扬，吴涛，钱才云，等. 夜间经济对城市活力的时空分异影响研究——以南京市主城区为例[J]. 华中建筑，2023，41(2)：78-82.

[77] 梁立锋，曾文霞，宋悦祥，等. 顾及人群集聚和情绪强度的城市综合活力评价及影响因素[J]. 地球信息科学学报，2022，24(10)：1854-1866.

[78] 郭翰，郭永沛，崔娜娜. 基于多元数据的北京市六环路内昼夜人口流动与人口聚集区研究[J]. 城市发展研究，2018，25(12)：107-112，121，2，173.

[79] Maier W. Construction logistics for potsdamer platz[J]. Structural engineering international, 1997, 7(4): 233-235.

[80] Granados J. La Vitalidad de los Espacios Abiertos: El canal del Rio Arzobispo[J]. Bitácora Urbano-Territorial, 1998, 2(1): 9.

[81] Montgomery J. Making a city: Urbanity, vitality and urban design[J]. Journal of urban design, 1998, 3(1): 93-116.

[82] Still B, Simmonds D. Parking restraint policy and urban vitality[J]. Transport reviews, 2000, 20(3): 291-316.

[83] 박선경, 김혜경, 하재명. A Study on the Vitality of the Main Street in Urban Residential Estate[J]. Journal of the Korean Housing Association, 2003, 14(2): 13-21.

[84] Teotia M K. Strengthening and sustaining vitality of urban areas: The case of North-West India[J]. Sociological bulletin, 2007, 56(1): 65-87.

[85] Kim M Y, Moon J M. An analysis of Character for Community Vitality in Urban Public Space-Focus on the Urban Squares[J]. Korean Institute of Interior Design Journal, 2011, 20(6): 291-299.

[86] Lopes M N, Camanho A S. Public green space use and consequences on urban vitality: An assessment of European cities[J]. Social indicators research, 2013, 113: 751-767.

[87] Cardenas O'Byrne S. Vitality as an alternative to safety in urban public spaces: the case of Palmira-Colombia[J]. Prospectiva, 2016(21): 157-179.

[88] Baptista Neto O, Barbosa H M. Impacts of traffic calming interventions on urban vitality[J]. Proceedings of the Institution of Civil Engineers-Urban Design and Planning, 2016, 169(2): 78-90.

[89] Zakariya K, Kamarudin Z, Harun N Z. Sustaining the cultural vitality of urban public markets: A case study of Pasar Payang, Malaysia[J]. ArchNet-IJAR: International Journal of Architectural Research, 2016, 10(1): 228.

[90] Rodríguez M B. La importancia de la vitalidad urbana[J]. Ciudades, 2016 (19): 217-235.

[91] Marquet O, Miralles-Guasch C. Introducing urban vitality as a determinant of children's healthy mobility habits: a focus on activity engagement and physical activity[J]. Children's geographies, 2016, 14(6): 656-669.

[92] Işiklar S. Vitality of the Cities[J]. International Journal of Architectural Engineering Technology, 2017, 4: 18-23.

[93] Lunecke M G H, Mora R. The layered city: Pedestrian networks in downtown Santiago and their impact on urban vitality[J]. Journal of Urban Design, 2018, 23(3): 336-353.

[94] Sulis P, Manley E, Zhong C, et al. Using mobility data as proxy for measuring urban vitality[J]. Journal of Spatial Information Science, 2018, 2018(16): 137-162.

[95] Delclòs-Alió X, Miralles-Guasch C. Looking at Barcelona through Jane Jacobs's eyes: Mapping the basic conditions for urban vitality in a Mediterranean conurbation[J]. Land Use Policy, 2018, 75: 505-517.

[96] Zumelzu A, Barrientos-Trinanes M. Analysis of the effects of urban form on neighborhood vitality: five cases in Valdivia, Southern Chile[J]. Journal of Housing and the Built Environment, 2019, 34(3): 897-925.

[97]   Mouratidis K, Poortinga W. Built environment, urban vitality and social cohesion: Do vibrant neighborhoods foster strong communities?[J]. Landscape and Urban Planning, 2020, 204: 103951.

[98]   Kim Y L. Data-driven approach to characterize urban vitality: How spatiotemporal context dynamically defines Seoul's nighttime[J]. International Journal of Geographical Information Science, 2020, 34(6): 1235-1256.

[99]   Alkazei A, Matsubara K. Post-conflict reconstruction and the decline of urban vitality in Downtown Beirut[J]. International Planning Studies, 2021, 26(3): 267-285.

[100] Akinci Z S, Marquet O, Delclòs-Alió X, et al. Urban vitality and seniors' outdoor rest time in Barcelona[J]. Journal of transport geography, 2022, 98: 103241.

[101] Garau C, Annunziata A. A method for assessing the vitality potential of urban areas. The case study of the Metropolitan City of Cagliari, Italy[J]. City, Territory and Architecture, 2022, 9(1): 7.

[102] Lee S, Kang J E. Impact of particulate matter and urban spatial characteristics on urban vitality using spatiotemporal big data[J]. Cities, 2022, 131: 104030.

[103] 王桂林. 地铁站点周边地区的活力评价和影响因素分析——以天津市中心城区为例[C]//中国城市规划学会，重庆市人民政府. 活力城乡美好人居——2019中国城市规划年会论文集（05城市规划新技术应用）. 北京：中国建筑工业出版社，2019：14-20.

[104] 仝存平，侯鑫. 基于微博签到数据的人群时空分布特征分析——以中新天津生态城为例[C]//中国城市规划学会，重庆市人民政府. 活力城乡美好人居——2019中国城市规划年会论文集（05城市规划新技术应用）. 北京：中国建筑工业出版社，2019：8-14.

[105] 王延红. 基于活力评价的天津原法租界历史街区保护与利用研究[D]. 天津：天津大学，2020.

[106] 高子炜，曾鹏，孙宗耀. 天津市中心城区城市活力时空特征与影响因素研究[C]//中国城市规划学会城市规划新技术应用学术委员会，广州市规划和自然资源自动化中心. 共享与韧性：数字技术支撑空

间治理：2020年中国城市规划信息化年会论文集. 南宁：广西科学技术出版社，2020：10-16.

[107] 王敬爽. 基于多源数据的天津中心城区工业遗产活力度提升研究[D]. 河北：河北工业大学，2021.

[108] 李戈，王超，孙宗耀. 天津市中心城区昼夜空间活力特征及影响要素研究[J]. 测绘与空间地理信息，2022，45(09)：47-51.

[109] 赵广英，宋聚生. 城市用地功能混合测度的方法改进[J]. 城市规划学刊，2022，267(01)：51-58.

[110] 凡来，张大玉. 北京街区活力影响机制及空间分异特征研究——基于多尺度地理加权回归[J]. 城市规划，2022，46(05)：27-37.

[111] 付磊. 转型中的大都市空间结构及其演化——上海城市空间结构演变的研究[M]. 北京：中国建筑工业出版社，2012.

[112] 史宜，杨俊宴. 城市中心体系——时空行为大数据研究[M]. 南京：南京大学出版社，2020.

[113] 王悦，赵美风. 天津市夜间经济业态时空分异及其影响机理[J]. 地理与地理信息科学，2023，39(02)：134-143.

[114] 吴金京. 创新城区夜间活力时空特征及影响因素研究[D]. 哈尔滨：哈尔滨工业大学，2021.

[115] 李媛，邹永广，杨勇，等. 夜间文旅消费聚集区综合活力评价及其影响因素研究——以长三角城市群为例[J]. 人文地理，2023，38(03)：182-191.

[116] 植秋滢，陈洁莹，付迎春，等. 基于珞珈一号夜间灯光数据与POI数据的粤港澳大湾区城市群多中心空间结构研究[J]. 热带地理，2022，42(03)：444-456.

[117] 周德，钟文钰，周婷，等. 基于POI数据的城市土地混合利用评价及影响因素分析——以杭州市主城区为例[J]. 中国土地科学，2021，35(08)：96-106.

[118] 唐璐，许捍卫，丁彦文. 融合多源地理大数据的城市街区综合活力评价[J]. 地球信息科学学报，2022，24(08)：1575-1588.

[119] 刘艺炫，刘涛，杜萍，等. 多层次社区下兰州市城市空间结构及产业布局分析[J]. 测绘科学，2022，47(03)：157-165，173.

[120] 曾磊鑫，刘涛，杜萍. 基于多源数据的夜间经济时空分布格局研究

方法[J].地球信息科学学报，2022，24(01)：38-49.

[121] 严海，李娜，齐岩，等.基于空间计量模型的跨区公交通勤需求机理[J].长安大学学报(自然科学版)，2018，38(05)：96-105.

[122] 陈宏飞，李君轶，秦超，等.基于微博的西安市居民夜间活动时空分布研究[J].人文地理，2015，30(03)：57-63.

[123] 周成，张旭红，周霖，等.城市夜间经济影响要素体系建构、层次解构与发展路径研究[J].地域研究与开发，2023，42(04)：51-56，63.

[124] 唐承财，肖小月.境内外夜间旅游研究综述与展望[J].人文地理，2022，37(03)：21-29，98.